Rotes Heft 90

Massenanfall von Verletzten

von Jörg Rühle
Brandamtsrat
Notfallsanitäter
Berufsfeuerwehr Hannover

Jochen Rühle
Notfallsanitäter
Kreisbereitschaftsleiter
Deutsches Rotes Kreuz Kassel

2., aktualisierte Auflage

Verlag W. Kohlhammer

Die Bilder stammen – sofern nicht anders angegeben – von der Feuerwehr Hannover.

2. Auflage 2021

Gesamtherstellung: W. Kohlhammer GmbH, Stuttgart

Print:
ISBN 978-3-17-037770-7

E-Book-Formate:
pdf: ISBN 978-3-17-037772-1
epub: ISBN 978-3-17-037773-8

Vorwort

Der Massenanfall von Verletzten ist keine isolierte Problemstellung des Rettungsdienstes. Kommt die Feuerwehr mit zum Einsatz, hat sie in solch einer Einsatzlage Aufgaben zu übernehmen und Verantwortung zu tragen. Die Führungsaufgaben werden der Feuerwehr durch Landesgesetze zugewiesen. Dieses Rote Heft enthält kein allgemeingültiges »Kochrezept« zum Beherrschen einer MANV-Lage. Vielmehr soll es die Grundbegriffe und Grundlagen aus Sicht der Feuerwehr und für die Feuerwehr erläutern sowie Interesse für dieses Thema wecken. Die Kenntnis von regional vorhandenen Konzepten, Strukturen und auch von handelnden Personen ist für einen erfolgreichen Einsatz unabdingbar.

Inhaltsverzeichnis

1 Massenanfall von Verletzten: Was ist das?

Von einem Massenanfall von Verletzten oder Erkrankten – kurz MANV – spricht man, wenn die Anzahl der zu Versorgenden die Anzahl der sofort verfügbaren Rettungsmittel und/oder die Versorgungskapazitäten der Notfallkrankenhäuser übersteigt. Es ist also keine sofortige Versorgung aller Patienten nach individualmedizinischen Gesichtspunkten, wie es sonst im regulären Rettungsdienst der Fall ist, möglich. Es handelt sich um den Bereich zwischen Überlastung des Regelrettungsdienstes und der Notwendigkeit, eine Katastrophe festzustellen (siehe auch Bild 1).

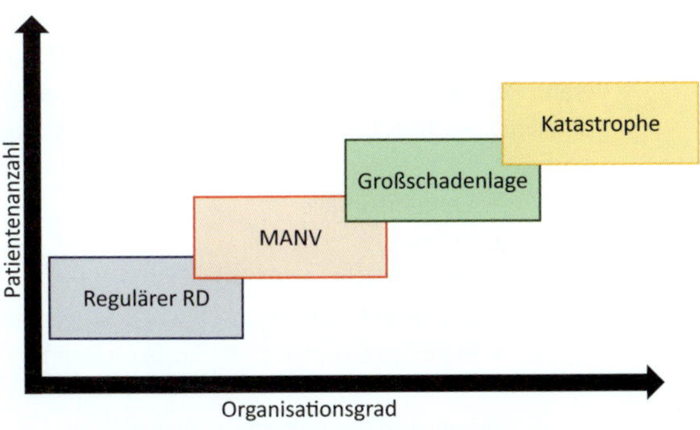

Bild 1: ***Einordnung des MANV in die verschiedenen Versorgungsstufen (Quelle: Jörg Rühle)***

Es gibt keine allgemeingültige Aussage, ab welcher Anzahl zu Versorgender von einem Massenanfall von Verletzten gesprochen wird. Es ist leicht absehbar, dass Faktoren wie Rettungsmitteldichte, Anzahl und Kapazität der Notfallkrankenhäuser und auch die unterschiedliche Rettungsmittelvorhaltung zu verschiedenen Tageszeiten einen Einfluss auf die Leistungsfähigkeit im Bereich MANV haben. So kann z. B. eine Großstadt einen Verkehrsunfall mit fünf Verletzten zur Mittagszeit ungleich besser bewältigen als ein ländlicher Bereich dies um Mitternacht könnte.

1.1 Ursachen des MANV

Schon beim Betrachten der Ursachen des MANV fällt auf, dass dieser keine isoliert den Rettungsdienst betreffende Problemstellung ist. Denn in der überwältigenden Mehrzahl der MANV-Lagen sind neben dem Rettungsdienst auch Feuerwehr, Polizei und andere Rettungskräfte am Einsatzgeschehen beteiligt. Häufige Ursachen für das Auftreten eines MANV sind:

- Verkehrsunfälle,
- Brände,
- Terroristische Anschläge,
- Massenerkrankungen,
- Planbare Einsätze (z. B. Großkonzerte).

Durch Verkehrsunfälle kommt es schnell zum Erreichen der regionalen unteren MANV-Grenze. Schon ein Unfall mit einem vollbesetzten Pkw kann taktische Herangehensweisen aus der

MANV-Konzeption (z. B. Sichtung) erforderlich machen. Insbesondere Schadenereignisse mit Bussen können zu einem MANV-Szenario führen. Hierbei ist, ähnlich wie bei Eisenbahn- oder Verkehrsflugzeugunfällen, bedingt durch die große Anzahl von Insassen zunächst – sofern keine anderen gesicherten Erkenntnisse vorliegen – von einem MANV-Einsatz auszugehen.

Bild 2: ***Verkehrsunfall mit einem Bus***

Bekanntermaßen kommt es bei Bränden immer wieder zu Personenschäden, besonders durch die Ausbreitung von Rauchgasen. Vor allem in Objekten mit vielen Bewohnern kommt es so schnell zu einer großen Anzahl Betroffener. Bedrohte Objekte sind unter anderen: Krankenhäuser, Alten- und Pflegeheime, Hotels und Hochhäuser. Daher empfiehlt es sich bereits im Rahmen der Einsatzvorbereitung entsprechende Maßnahmen auch zur Beherrschung eines MANV zu planen.

Bild 3: ***Brand in einem Wohnkomplex***

Terroristisch motivierte Anschläge oder auch Amoklagen stellen eine besondere Herausforderung dar. Derartige Ereignisse verfolgen die Zielsetzung, möglichst viele Menschen gleichzeitig zu treffen. Bei der Verfolgung dieses Zieles wird auch vor Kräften der Gefahrenabwehr nicht haltgemacht. Solche als Polizeilage bezeichneten Einsätze erfordern eine von der gewohnten Einsatztaktik abweichende Herangehensweise. Die in solch einer Situation meist unklare eigene Sicherheitslage macht eine sehr enge Abstimmung mit den Kräften der polizeilichen Gefahrenabwehr notwendig. Hier gilt es unbedingt zu vermeiden, dass Einsatzkräfte in aus polizeilicher Sicht unsichere Bereiche gelangen. Um dies sicherzustellen, sind insbesondere in der Frühphase eines Einsatzes und bei dynamischen Lagen Bereitstellungsräume deutlich außerhalb des unsicheren Bereiches erforderlich. Anschläge mit ABC-Gefahrstoffen bedürfen einer besonderen Logistik, hier sei auf die Notwendigkeit der (Verletzten-)Dekontamination für eine große Personenzahl hingewiesen.

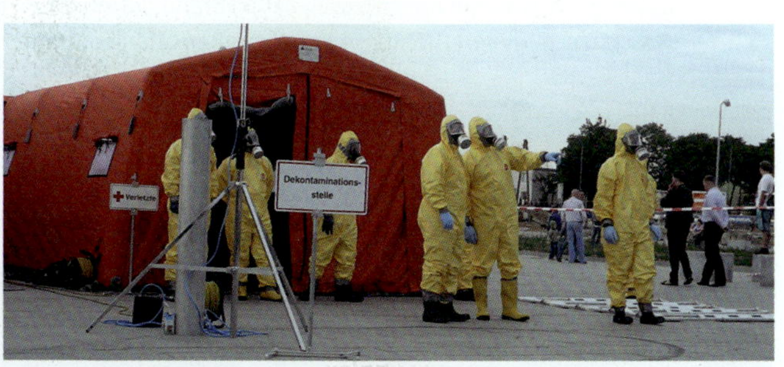

Bild 4: ***Verletztendekontamination***

Auch eine größere Anzahl von Erkrankten kann die nichtpolizeiliche Gefahrenabwehr fordern. Denkbare Szenarien sind: Lebensmittelvergiftungen vieler Personen (z. B. Salmonellen in einer Großküche), Pandemien (pandemische Auswirkungen wurden durch den Erreger SARS-CoV-2 deutlich) oder Explosivepidemien (z. B. verunreinigtes Trinkwasser). Auch hier kommt dem Schutz der Einsatzkräfte, insbesondere bei unbekannten Krankheitserregern, eine große Bedeutung zu.

Unter planbaren Einsätzen sind alle Situationen zusammengefasst, die eine gründliche, vorhergehende Organisation ermöglichen. Solche Situationen können Sportveranstaltungen, Konzerte, Demonstrationen oder sonstige Großveranstaltungen sein. Natürlich kommt es nicht bei jeder dieser Veranstaltungen zu einem MANV. Die große Anzahl von Menschen auf kleinem Raum erhöht jedoch das Risiko, dass es bei einem Schadenereignis (z. B. Panik, Brand, terroristischer Anschlag) zu einer erhöhten Anzahl von Betroffenen kommt.

Bild 5: ***Demonstrationen können aufgrund der beteiligten Personenanzahlen zu einem MANV führen.***

Aus diesen Gründen ist die Gestellung einer Brandsicherheitswache und/oder eines Sanitätsdienstes bei solchen Veranstaltungen notwendig. Darüber hinaus sollten weitere Maßnahmen, wie z. B. die Definition einer Einsatzmittelkette, das Festlegen von Bereitstellungsräumen und Entwicklungsflächen sowie das Erstellen eines Kommunikationsplanes für nachrückende Kräfte, bereits im Vorfeld einer Großveranstaltung ergriffen werden. Nur so kann der Vorteil der Planbarkeit auch im eintretenden Schadenfall genutzt werden.

1.2 Verschiedene Stufenkonzepte des MANV

Angelehnt an die üblichen Alarmstufen im Bereich des Brandschutzes gibt es diese auch im Bereich des Rettungsdienstes und damit auch für den MANV-Einsatz. Bewährt hat sich hier die Benennung der Alarmstufe nach der maximal zu bewältigenden Patientenzahl:

- MANV 10: bis max. 10 Patienten
- MANV 20: > 10 bis max. 20 Patienten

Somit ist für jeden, auch für überregionale Kräfte, ersichtlich um welche Größenordnung MANV es sich handelt. Die Abstufungen müssen in der Alarm- und Ausrückeordnung eingepflegt und mit entsprechenden Einsatzmittelketten versorgt sein. Es gibt jedoch keine bundeseinheitliche Aussage über die Zuordnung der maximalen Patientenzahlen in eine MANV-Stufe. Dies ist wie bereits beschrieben von regionalen Faktoren

– Rettungsmitteldichte, Krankenhauskapazitäten etc. – abhängig und im Rahmen der Einsatzvorbereitung zu definieren. Leitgröße hierfür ist die schnellstmöglich klinische Versorgung der Patienten. Insbesondere Traumapatienten bedürfen einer schnellen klinischen Diagnosestellung und gegebenenfalls einer chirurgischen Intervention, um ihr Überleben zu sichern.

Die terroristischen Anschläge der letzten Jahre, aber auch die Vorbereitung auf Großereignisse in Deutschland (z. B. EXPO 2000 in Hannover, Weltjugendtag in Köln oder die FIFA-Fußballweltmeisterschaft) haben gezeigt, dass man die zur Bewältigung solch großer Patientenzahlen notwendigen Kräfte und Mittel nicht mehr allein regional vorhalten kann. Hier werden überregionale Einheiten fest in ein System zur Bewältigung eines großen MANV-Ereignisses eingebunden. Die hier angenommenen Größenordnungen von MANV 250 bis hin zu MANV 1000 bewegen sich schon deutlich außerhalb des gängigen MANV-Rahmens im Bereich einer Großschadenlage. Damit ein solches System im Ernstfall möglichst reibungslos funktionieren kann, sind etliche Vorbereitungsmaßnahmen notwendig, so z. B. die Festlegung von Alarmierungswegen, die Gestellung von Lotsenfahrzeugen bzw. Kartenmaterial, die Einrichtung von Sammelplätzen und der Aufbau der Kommunikationsstruktur. Auch unterhalb solcher Größenordnungen kann die gegenseitige Unterstützung benachbarter Gebietskörperschaften im Einsatzfall erforderlich sein. Um dies so reibungslos wie möglich zu gestalten, bietet es sich an, zumindest auf Landesebene einheitliche Strukturen vorzugeben.

2 Begriffe

Um die Erläuterungen zum Einsatzablauf des MANV besser verstehen zu können, ist es zunächst einmal notwendig, einige Begriffe darzustellen, die im Feuerwehralltag nicht unbedingt geläufig sind.

2.1 Rettungseinheiten

Zur Bewältigung des MANV werden Rettungseinheiten des regulären Rettungsdienstes sowie Sondereinheiten eingesetzt. Diese Einheiten werden im Folgenden vorgestellt.

2.1.1 Einheiten des Regelrettungsdienstes

Als Einheiten des Regelrettungsdienstes sind alle Einheiten anzusehen, welche zur Abwicklung des normalen Rettungsdienstes eingesetzt werden, also einzelne Rettungsfahrzeuge:

2.1.1.1 Krankentransportwagen (DIN EN 1789, Typ A2)

Der Krankentransportwagen (KTW) ist die »niedrigste« Stufe der Rettungsdienstfahrzeuge. Diese Fahrzeugart dient zur Durchführung von Krankentransporten. Hier werden Patienten transportiert, die nicht vital bedroht sind, aber medizinischer Betreuung bedürfen. Die Ausstattung besteht hauptsächlich aus Material zum schonenden Transport von Patienten (z. B. Tragestuhl und Krankentrage), aber auch Ausrüstung für erweiterte Erstmaßnahmen bei Notfällen ist auf diesen Fahrzeugen vorhanden. Die Besatzung besteht (abhängig von den landesrechtlichen Voraussetzungen) aus mindestens einem Rettungssanitäter sowie einem Rettungshelfer.

2.1.1.2 Rettungswagen (DIN EN 1789, Typ C)

Rettungswagen (RTW) sind das Standardfahrzeug in der Notfallrettung. Die Ausstattung ist darauf ausgelegt, Notfalleinsätze jeglicher Art durchzuführen. An Bord befinden sich neben Verbrauchsmaterial (z. B. Verbandstoffe und Medikamente) und medizinischem Gerät (z. B. Blutdruckmessgerät, EKG/Defibrillator und Blutzuckermessgerät) auch Geräte zur Rettung und zum Transport von Patienten (z. B. Krankentrage, Schaufeltrage und Vakuummatratze). Aufgabe der Fahrzeugbesatzung ist das Wiederherstellen und Aufrechterhalten der Transportfähigkeit des Patienten auch in Zusammenarbeit mit dem Notarzt. Die Besatzung setzt sich (abhängig von den landesrechtlichen Voraussetzungen) mindestens aus einem Notfallsanitäter und einem Rettungssanitäter zusammen.

Mehrzweckfahrzeuge (MZF) sind Rettungswagen, welche auch die Möglichkeit zum qualifizierten Krankentransport (z. B. Tragestuhl) bieten.

2.1.1.3 Notarztwagen/Notarzt-Einsatzfahrzeuge (DIN 75079)

Der Notarztwagen (NAW) ist ein ständig mit einem Notarzt besetzter Rettungswagen. Auf diesen Fahrzeugen wird noch Zusatzausrüstung für den Notarzt mitgeführt. Da nach einer Behandlung häufig keine Transportbegleitung durch den Notarzt notwendig ist, wird aus Gründen der Flexibilität überwiegend das Notarzt-Einsatzfahrzeug (NEF) eingesetzt. Auf diesem Fahrzeug, meist ein Pkw- Kombi oder Kleinbus, werden

Bild 6: ***Notarzt-Einsatzfahrzeug Außenansicht (Quelle: Jochen Rühle)***

alle für den Notarzteinsatz benötigen Materialien mitgeführt. Dieses Fahrzeug trifft sich mit dem RTW im sogenannten »Rendezvousverfahren« an der Einsatzstelle. So ist ein flexibleres Einsetzen des Notarztes möglich. Der Fahrer des NEF ist (abhängig von den landesrechtlichen Voraussetzungen) Rettungssanitäter oder Notfallsanitäter und unterstützt den Notarzt bei seinem Einsatz.

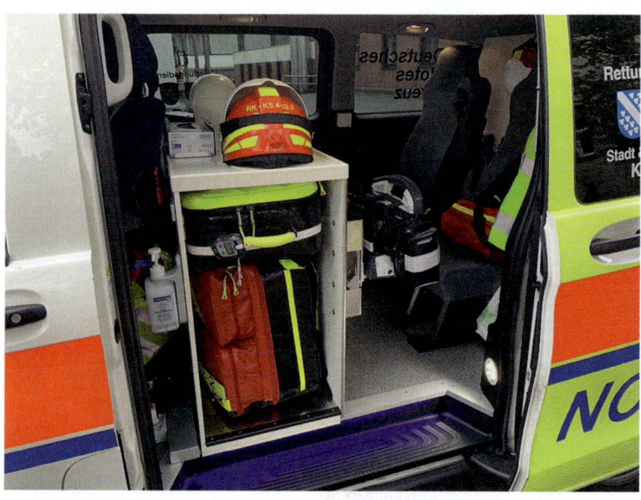

Bild 7: ***Notarzt-Einsatzfahrzeug Innenansicht (Quelle: Jochen Rühle)***

2.1.1.4 Rettungstransporthubschrauber

Rettungstransporthubschrauber (RTH) – kurz Rettungshubschrauber – erfüllen, egal von welchem Betreiber sie bereitgestellt werden, grundsätzlich folgende Aufgaben:

- schneller Transport von Notarzt, Notfallsanitäter und Material zur Notfallstelle,
- schneller und schonender Transport von Notfallpatienten auch über größere Entfernungen,
- Durchführen von Interhospitaltransfers,
- Personensuche aus der Luft.

Um diese Aufgaben erfüllen zu können, verfügen die Rettungshubschrauber über eine umfangreiche medizinische Ausstattung, vergleichbar mit der eines Notarztwagens.

Bild 8: ***Start eines Rettungshubschraubers***

Die Besatzung besteht aus einem Notarzt, einem Notfallsanitäter, einem Piloten und ggf. aus einem Bordwart.

Luftrettungsfahrzeuge unterscheiden sich jedoch im Einsatz deutlich von bodengebundenen Rettungsmitteln. Der Einsatz von Hubschraubern ist stark witterungsabhängig, so ist ein Anflug z. B. bei Nebel oder starkem Schneefall nicht möglich. Zurzeit gibt es nur wenige Maschinen, die auch bei Nacht einsatzbereit sind. Die Entscheidung, ob ein Rettungshubschrauber anfliegt oder nicht und die Auswahl des Landeplatzes trifft der Pilot. Es ist zwar möglich, dem Piloten vom Boden aus eine Empfehlung auszusprechen und Landeplätze für RTH zu sperren, aber die letzte Entscheidung über die Landung kann nur der Pilot selbst treffen.

Bild 9: ***Landung eines RTH auf der Autobahn***

Bei Nachteinsätzen ist die Beleuchtung des Landeplatzes zwingend erforderlich. Zweckmäßig ist es auf vorhandene, beleuchtete Flächen zurückzugreifen (z. B. Sportanlagen). Ist ein behelfsmäßiges Ausleuchten mit Mitteln der Feuerwehr notwendig, so ist diese Maßnahme möglichst blendfrei für den Piloten zu gestalten.

Der Platzbedarf für die Landung eines Rettungshubschraubers differiert je nach Hubschraubertyp und Tag- oder Nachtlandung zwischen 30 m x 30 m und 80 m x 80 m. Grundsätzliche Anforderungen an einen Landeplatz sind:

- fester Untergrund,
- keine losen Gegenstände in der Umgebung,
- Hangneigung von nicht mehr als zehn Grad,
- keine Hindernisse im An- und Abflugbereich, insbesondere auf Freileitungen ist zu achten,
- Anfahrtsmöglichkeit für Rettungsfahrzeuge.

Merke:

Im Umgang mit Hubschraubern gelten folgende, überlebenswichtigen Verhaltensregeln:

- **Immer erhöhte Aufmerksamkeit im Gefahrenbereich des Hubschraubers!**
- **Annäherung an die Maschine erst, wenn die Rotoren stehen, nur von vorne und nach Sichtkontakt und Aufforderung durch die Besatzung!**
- **Nicht den Heckbereich der Maschine betreten, der Heckrotor ist aufgrund der schnellen Rotation nicht sichtbar!**

Werden an einer Einsatzstelle mehrere Rettungshubschrauber eingesetzt, ist es sinnvoll, den Piloten der zuerst eingetroffenen

Bild 10: ***RTH nach einer Landung auf der Autobahn. Die Rotorblätter ragen weit in die Fahrbahn hinein.***

Maschine mit der Koordination der Luftbewegungen zu beauftragen. Sollte hierfür Unterstützung notwendig sein, ist diese selbstverständlich zu gewähren. An großen, unübersichtlichen Einsatzstellen kann ein Rettungshubschrauber ein wertvolles Instrument zur Lageerfassung sein. So kann eine im Anflug befindliche Maschine aufgefordert werden, eine »Lage auf Sicht« abzugeben oder eine Führungskraft wird mit dem Hubschrauber über die Einsatzstelle geflogen und gewinnt so eigene Eindrücke.

2.1.1.5 Sonstige

In einigen Rettungsdienstbereichen werden spezielle Fahrzeuge zum Transport von infektiösen Patienten vorgehalten.

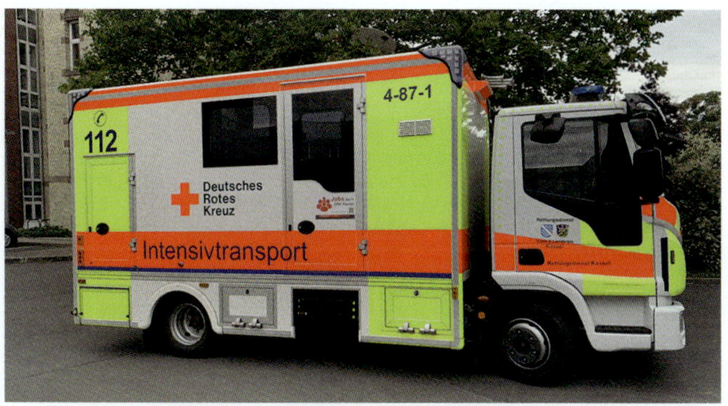

Bild 11: ***ITW Außenansicht (Quelle: Jochen Rühle)***

Um den Reinigungsaufwand hier gering zu halten, verfügen diese Fahrzeuge nur über die notwenigste Ausstattung und sind nur bedingt in der Notfallrettung einsetzbar.

Da in den letzten Jahren der Interhospitaltransfer – Transporte von intensivpflichtigen Patienten zwischen zwei Krankenhäusern – deutlich zugenommen hat, wurden in einigen Rettungsdienstbereichen Intensivtransportwagen (ITW) stationiert. Sie führen alle Materialien mit, um die intensivmedizinische Betreuung des Patienten auf dem Sekundärtransport aufrecht zu erhalten. Die Besatzung dieser Fahrzeuge ist unterschiedlich, häufig werden zwei besonders geschulte Notfallsanitäter und ein Notarzt eingesetzt. Je nach Konzeption und Bauart des Fahrzeugs ist dieses nur bedingt für den Einsatz in der Notfallrettung geeignet. Bei einem MANV-Ereignis ist es aber möglich, dass solch ein Fahrzeug auch direkt an der Einsatzstelle eingesetzt wird. In diesem Falle ist der ITW als NAW mit besonderer Ausstattung anzusehen.

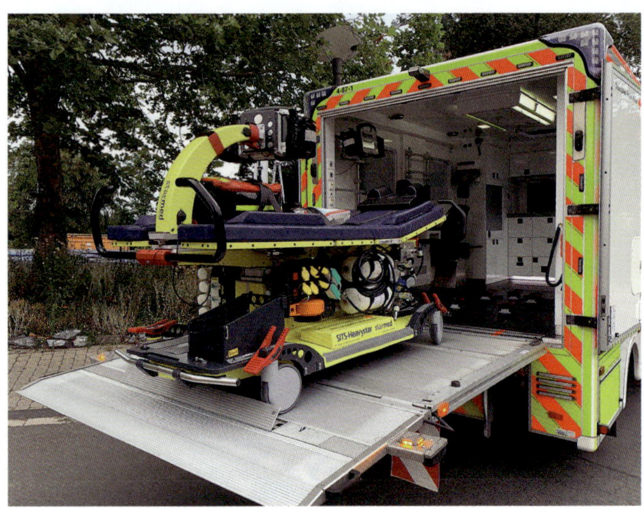

Bild 12: ***ITW Innenansicht: Erkennbar ist, dass die Spezialtrage nicht zum Einsatz im Gelände geeignet ist.***

Auch in der Luftrettung haben sich spezielle Verlegungshubschrauber durchgesetzt. Diese Intensivtransporthubschrauber (ITH) sind im Bereich der Notfallrettung und bei einem MANV wie ein Rettungstransporthubschrauber zu werten.

2.1.2 Sondereinheiten

Zur Bewältigung eines größeren MANV-Ereignisses ist eine Vielzahl von Kräften sowie andere Ausstattung notwendig, als sie der reguläre Rettungsdienst vorhalten kann. Diese Ressourcen werden unter dem Begriff »Sondereinheiten« geführt und im Folgenden beschrieben.

2.1.2.1 Feuerwehrfahrzeuge

Auch »normale« Feuerwehrfahrzeuge können im MANV-Fall zum Einsatz kommen. Hier kann die technische Ausrüstung der Fahrzeuge (Beleuchtung, Stromerzeuger o. ä.) oder deren Personal gefragt sein. Auch als Lotsenfahrzeuge für auswärtige Kräfte können Fahrzeuge und Personal der Feuerwehr herangezogen werden.

Insbesondere Feuerwehren mit hauptberuflichem Personal verfügen über eigene, speziell für den MANV ausgelegte Einheiten. Neben rettungsdienstlich ausgebildetem Personal sind hier auch Fahrzeuge der Feuerwehr eingebunden. Die Fahrzeuge zum Materialtransport können von einem Gerätewagen Logistik (welcher im Alarmfall beladen wird) über Gerätewagen Rettungsdienst bis hin zu Wechselladefahrzeugen, z. B. mit einem Abrollbehälter Rettung, differieren.

2.1.2.2 Schnelleinsatzgruppen (SEG)

Der Begriff SEG- Rettung oder ähnliche Namen sind mittlerweile sehr verbreitet. Der nachfolgende Abschnitt soll einen Überblick über diesen Bereich geben:

Was ist eine SEG?

Ende der 80er bis Mitte der 90er Jahre des letzten Jahrhunderts setzte sich zunehmend die Erkenntnis durch, dass es rettungsdienstlich orientierter Versorgungseinheiten für Großschadenlagen bedarf. Die bis dahin vorhandenen Katastrophenschutzeinheiten wurden für diesen Einsatzzweck als zu unflexibel, zu langsam und zu schlecht ausgerüstet angesehen.

Aus diesen Überlegungen entwickelten sich die Schnelleinsatzgruppen (SEG), welche sich in Ausrüstung und Ausbildung an individualmedizinischen Gesichtspunkten orientieren und zeitlich schneller einsetzbar sind. Definiert ist der Begriff SEG als taktische Einheit mit gesondert ausgebildeten Helfern für spezielle Versorgungsaufgaben.

Die Schwierigkeit bei der Darstellung dieses Themenfeldes ist die Uneinheitlichkeit auf diesem Sektor. Es gibt für eine SEG keinen bundes- oder landeseinheitlichen Standard analog der Rettungsmittel des Regelrettungsdienstes. Das Resultat daraus ist eine Vielfalt an Einheiten mit unterschiedlicher Stärke, Ausbildung und Ausrüstung. Hieraus leitet sich ein höchst differierendes Leistungsniveau ab, was es nahezu unmöglich macht, aus dem Begriff SEG einen taktischen Begriff zu machen. Kommt im Schadenfall die SEG aus XY, kann ein Einsatz- oder Abschnittleiter ohne weiteres Nachfragen bezüglich Stärke, Ausbildung und Ausrüstung dieser, ihm unbekannten Einheit, keinen Einsatzauftrag erteilen.

Um bei einem Einsatz sinnvoll mit einer SEG zusammenarbeiten zu können, ist es empfehlenswert, sich bereits im Vorfeld ein Bild über das Leistungsvermögen in Frage kommender Einheiten zu machen.

Was tut eine SEG?

Das Aufgabenspektrum, also die speziellen Versorgungsaufgaben, einer SEG setzte sich aus nachfolgenden Teilbereichen zusammen:

- Rettung,
- Versorgung,
- Behandlung Verletzter,
- Betreuung Betroffener,
- Transport.

Die Rettung von Patienten aus dem Gefahrenbereich durch SEG- oder Rettungsdienstpersonal ist durchaus kritisch zu sehen. Hier ist eine Gefährdung der Einsatzkräfte durch mangelnde Schutzausrüstung unbedingt auszuschließen.

Da nicht jede SEG in der Lage ist, alle Teilbereiche dieses Aufgabenspektrums abzudecken und es auch Einsatzsituationen gibt, in denen nicht alle Bereiche abgedeckt werden müssen, haben sich Teileinheiten entwickelt. So gibt es z. B. eine SEG-Transport, eine SEG-Betreuung oder eine Behandlungsplatzeinheit (BHP 25 oder BHP 50, die Zahlen geben die maximale Patientenkapazität an). Sind diese Einheiten sauber aufeinander abgestimmt, so erhält man aus diesen Teilen ein funktionierendes Ganzes. Es ist durchaus denkbar, die Teileinheiten innerhalb eines Einsatzbereiches auf die verschiedenen Hilfsorganisationen zu verteilen und so eine Überlastung der Einsatzkräfte zu vermeiden. Trotzdem steht so eine vollständige Einheit zur Verfügung. Dieses Vorgehen ist auch als Modulkonzept bekannt.

Bild 13: ***Transportkomponente einer SEG***

2.1.2.3 Katastrophenschutzeinheiten

Einheiten des Katastrophenschutzes können, gerade bei großen oder besonderen Lagen, eine wertvolle Unterstützung für die regulären Kräfte sein.

Verfügbarkeit/Einsetzbarkeit
In welchem Maße Kräfte des Katastrophenschutzes im eigenen Wirkungsbereich zur Verfügung stehen, muss im Rahmen der Einsatzvorbereitung abgeklärt werden. Auch die Verfügbarkeit

von Bundeswehrkräften (insbesondere Lufttransportkapazität) sollte im Vorfeld geprüft werden.

Das Bundesamt für Bevölkerungsschutz und Katastrophenhilfe (BBK) hat im Rahmen der Neustrukturierung der Kräfte des Zivilschutzes als Schwerpunktziel die Ergänzung des Katastrophenschutzes der Länder festgelegt. Im Zuge dieser Neustrukturierung wurde das Konzept für die Medizinische Task Force (MTF) entwickelt. Die MTF ist ein arztbesetzter sanitätsdienstlicher Einsatzgroßverband II, mit den Möglichkeiten der Dekontamination Verletzter und dem Aufbau und Betrieb eines Behandlungsplatzes einschließlich Patiententransportkapazität. Aufgrund des modularen Aufbaues der MTF ist auch ein Einsatz von Teileinheiten mit entsprechender Flexibilität denkbar (weitergehende Informationen unter www.bbk.bund.de).

2.2 Verletzte/Erkrankte/Patient und Betroffene

Als Verletzte werden die Personen bezeichnet, die durch das Schadenereignis körperliche Schäden (Verletzungen) davongetragen haben. Erkrankte sind diejenigen, bei denen krankheitsbedingt akute Beschwerden aufgetreten sind. Beide Personengruppen werden als Patienten bezeichnet.

Betroffene sind vom Schadenereignis betroffen, aber nicht verletzt oder erkrankt. Diese Personengruppe muss im Regelfall »nur« betreut werden.

2.3 Leitender Notarzt

Der Leitende Notarzt (LNA) leitet die medizinische Versorgung. Er bildet zusammen mit dem Organisatorischen Leiter Rettungsdienst (OrgL) die Abschnittsleitung Rettungsdienst. Die Hauptaufgaben des LNA sind:

- Organisieren/Durchführen einer Sichtung,
- Dokumentation,
- Festlegen von Transportpriorität, -art und -ziel,
- Kontinuierliche Bewertung der medizinischen Lage,
- Unterstützen der vor Ort befindlichen Notärzte.

Bild 14: ***Leitender Notarzt (links) und Organisatorischer Leiter Rettungsdienst (rechts)***

Je nach Größe des Schadenereignisses wird der LNA diese Aufgaben nicht alleine wahrnehmen können. Insbesondere die Durchführung der Sichtung nimmt erhebliche Zeit in Anspruch. Deshalb ist es sinnvoll, bei größeren Schadenlagen mehrere Ärzte mit der Qualifikation LNA vor Ort zu haben, sodass der diensthabende LNA Aufgaben delegieren kann. Die Bezeichnung LNA darf pro Einsatzstelle nur einmal vergeben werden. Dies gilt auch für die Kenneichung (Helm, Weste, Koller). Aufgabe des LNA ist es explizit nicht, selbst die Behandlung von Patienten zu übernehmen. Der LNA ist eine ärztliche Führungskraft, die lediglich medizinisch- organisatorische Aufgaben wahrnimmt.

2.4 Organisatorischer Leiter Rettungsdienst

Der Organisatorische Leiter Rettungsdienst (OrgL) bildet zusammen mit dem LNA die Abschnittsleitung Rettungsdienst. Die Hauptaufgaben des OrgL sind:

- Umsetzten der notwendigen Führungsorganisation,
- Einsatz(unter)abschnitte bilden,
- Sicherstellen der Kommunikation im Abschnitt Rettungsdienst,
- Raumordnung,
- Führung der operativen Einheiten und Fahrzeugverwaltung,
- Führen von Patienten- und Bettennachweis,
- Transportorganisation,

- Nachschub- und Ressourcenplanung.

Der OrgL sollte auch über Kenntnis der Strukturen des örtlichen Rettungsdienstbereiches sowie der Krankenhäuser, deren Kapazitäten und Fachrichtungen sowie der Leistungsfähigkeit und Verfügbarkeit des Rettungsdienstes verfügen. Für den nicht selbst als OrgL tätigen Einsatzleiter der Feuerwehr ist der OrgL daher in rettungsdienstlichen und MANV-Lagen ein wichtiger Ansprechpartner.

2.5 Patientenablagen

Außerhalb des Gefahrenbereiches werden Personal und Material gebündelt eingesetzt, um eine möglichst große Patientenanzahl versorgen zu können, bis genügend Transportkapazität zur Verfügung steht. Es kann sein, dass sich Patientenablagen selbständig bilden, wenn sich Patienten selbst aus dem Schadengebiet retten konnten. Lageabhängig, je nach Schadenausmaß, Transportkapazität und verfügbarer Notfallkrankenhäuser, kann es erforderlich sein mehrere Patientenablagen parallel zu betreiben.

2.6 Sichtung

Um eine zeitnahe und annähernd optimale Versorgung für eine möglichst große Zahl von Patienten zu erreichen, ist es notwendig, diese nach dem Schweregrad ihrer Verletzung bzw. Erkrankung einzuteilen. So ist es möglich, die Patienten

Bild 15: ***Patientenablage in der Aufbauphase***

mit den gravierendsten gesundheitlichen Problemen auch als erstes zu versorgen und zu transportieren. Der Vorgang der Priorisierung ist Einsatzleitern der Feuerwehr aus dem Führungsvorgang bekannt. Dort werden erkannte Gefahren im Rahmen der Beurteilung nach ihrer Dringlichkeit bewertet. Die Einordnung eines Verletzten in die falsche Kategorie kann für diesen erhebliche negative Folgen haben. Deshalb ist die anspruchsvolle Tätigkeit der Sichtung mit einem hohen Maß an Verantwortung verbunden und stellt eine hohe emotionale Belastung für den durchführenden Sichter dar. Um eine frühzeitige Lageübersicht zu erhalten, hat eine VOR-Sichtung auch durch geschultes, nichtärztliches Rettungsdienstpersonal zu erfolgen. Diese VOR-Sichtung basiert auf einem festgelegten Algorithmus und verfolgt das Ziel, zeitnah kritische Patienten zu identifizieren. Die zwingend ärztlich durchzuführende FOLGE-Sichtung orientiert sich am VOR-Sichtungsergebnis, als kritisch identifizierte Patienten werden zuerst einer FOLGE-Sichtung unterzogen. Durch die zweigeteilte Sichtungsstrategie wird einerseits zeitnah mit der Ankunft erster Rettungsmittel begonnen, kritische Patienten zu identifizieren. Andererseits wird die endgültige Verantwortung für eine gravierende medizinisch-taktische Entscheidung in die Hände dafür qualifizierter Ärzte gelegt. Da sich der Zustand eines Patienten im Verlauf ändern kann, ist die Sichtung ein dynamischer Prozess, der wiederholt werden muss (ähnlich dem Führungsvorgang). Das Sichtungsergebnis muss gut erkennbar dokumentiert werden.

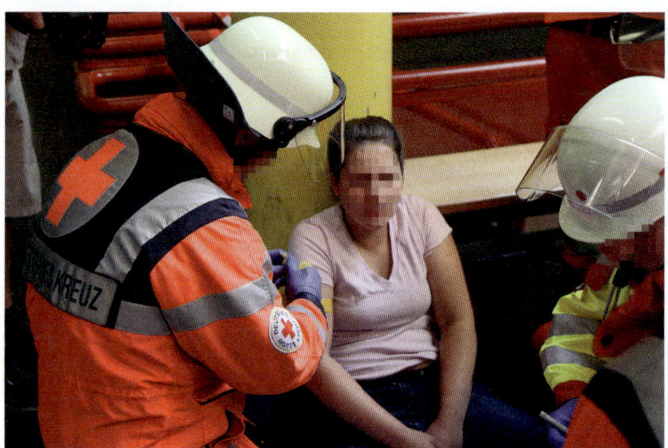

Bild 16: ***VOR-Sichtung***

Hierfür haben sich im Bereich der VOR-Sichtung farbige Bänder und für die FOLGE-Sichtung Patientenanhängekarten durchgesetzt.

Die Patientenanhängekarte ist vergleichbar mit der Patientenakte in einem Krankenhaus. Auf ihr werden alle gewonnenen Erkenntnisse zum Patienten eingetragen. Auch das Ergebnis der Sichtungen ist dort zu protokollieren. So ist es möglich, einen schnellen Überblick über festgestellte Verletzungen/Erkrankungen und erforderliche oder bereits eingeleitete Maßnahmen zu erlangen.

Tabelle 1: ***Sichtungskategorien gemäß Sichtungs-Konsensus-Konferenz an der AKNZ***

Kategorie	Beschreibung	Konsequenz
I (rot)	Vital bedroht	Sofortbehandlung
II (gelb)	Schwer verletzt/ erkrankt	Dringliche Behandlung
III (grün)	Leicht verletzt/ erkrankt	Nicht dringliche Behandlung
IV (blau)	Ohne Überlebenschance	Palliative Versorgung
EX (schwarz)	Tote	

An der Akademie für Krisenmanagement, Notfallplanung und Zivilschutz (AKNZ) im Bundesamt für Bevölkerungsschutz und Katastrophenhilfe (BBK) finden Sichtungs-Konsensus-Konferenzen statt, welche als bundesweite Leitlinie unter anderem die verschiedenen Sichtungskategorien nebst farbiger Zuordnung definieren (vgl. Tabelle 1). Von diesen Festlegungen existieren aber regional mehr oder weniger stark abweichende Kategorien und Kennzeichnungssysteme.

2.7 Registrierung

Um einen Lageüberblick zu bekommen und Patienten sinnvoll einer Zielklinik zuweisen zu können, müssen alle Patienten registriert werden. Um Verwechselungen auszuschließen und einen zeitlich gestrafften Ablauf zu erreichen, haben sich Nummernaufkleber bewährt, die über die Patientenanhängekarte zugeordnet werden. Auch digital lesbare Patientenarmbänder sind von Vorteil, sofern hierfür nutzbare Endgeräte zur Verfügung stehen. Die Nutzung von IT-Systemen führt, sofern diese Systeme störungsfrei unter Einsatzbedingungen funktionieren, zu einer Beschleunigung der Abläufe.

2.8 Behandlungsplatz

Die Aufgabe des Behandlungsplatzes (BHP) ist die Überbrückung eines Missverhältnisses zwischen verfügbarer Transportkapazität der Rettungsmittel und/oder Aufnahmekapazität der Krankenhäuser und Anzahl der Patienten. Es können also nicht alle Patienten sofort in einer Klinik versorgt werden.

Um einen Behandlungsplatz einzurichten und zu betreiben, ist umfangreiche Ausrüstung und Personal notwendig, die im Regelfall von SEG vorgehalten wird. Neben medizinischen

Geräten und Verbrauchsmaterial wird auch technische Ausrüstung wie Tragen, Decken, Zelte, Beleuchtung, Heizung und Sitzgelegenheiten zum Betrieb benötigt. Die Einrichtung eines Behandlungsplatzes in einem festen Gebäude ist der Unterbringung in Zelten im Regelfall vorzuziehen. Auch muss der Behandlungsplatz für an- und abfahrende Rettungsmittel gut erreichbar sein, um eine Ladezone einrichten zu können, und außerhalb des Gefahrenbereiches liegen. Innerhalb des Behandlungsplatzes findet eine Versorgung und Betreuung in Abhängigkeit der Sichtungskategorie statt. Hierbei ist darauf zu achten, dass kritische Patienten auch vom Behandlungsplatz aus so zeitnah wie möglich in eine geeignete Klinik transportiert werden. Ein Behandlungsplatz bietet lediglich ein eingeschränktes Versorgungsangebot und ist kein mobiles Krankenhaus. Um die Leistungsfähigkeit eines Behandlungsplatzes zu beschreiben, ist die Anzahl versorgbarer Patienten als Größenordnung gewählt worden. So kann ein BHP 50 maximal 50 Patienten und eine BHP 25 maximal 25 Patienten versorgen. Der zeitnahe Transport von Patienten nach einer Erstversorgung in geeignete Krankenhäuser ist grundsätzlich dem Betrieb eines Behandlungsplatzes vorzuziehen. Die Indikation zur Implementierung eines Behandlungsplatzes wird im Kapitel 5 näher erläutert.

Bild 17: ***Innenansicht eines BHP 50 in der Aufbauphase***

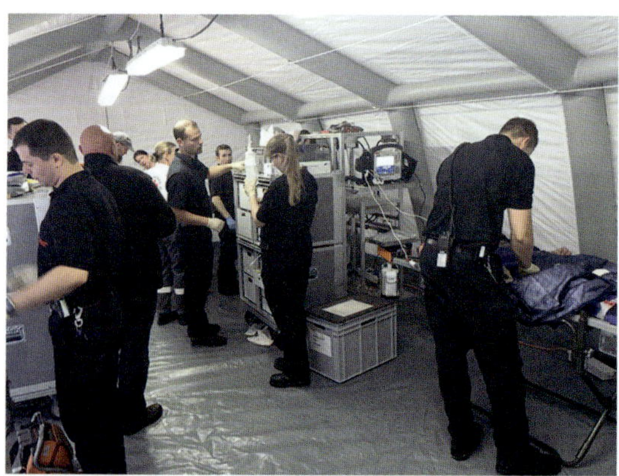

Bild 18: ***Innenansicht eines BHP 50 im Betrieb***

2.9 Bereitstellungsraum Rettungsdienst

Der Bereitstellungsraum der Rettungsmittel wird teilweise auch als Rettungsmittelhalteplatz bezeichnet. Bereitstellungsräume sind aus dem Feuerwehrbereich bekannt und müssen räumlichen Anforderungen zur Fahrzeugaufstellung genügen. Um eine effiziente Ausgestaltung zu erreichen, müssen Bereitstellungsräume durch Führungskräfte und Unterstützungspersonal geführt und organisiert werden.

2.10 Ladezone

Die Ladezone ist der Bereich, in dem Rettungsmittel Patienten einladen, um diese zu transportieren. Ladezonen können am Schadenraum, an Patientenablagen oder Behandlungsplätzen eingerichtet werden. Auch diese Ladezonen müssen organisiert und geführt werden, um effektiv einen schnellen Patientenabtransport zu ermöglichen.

2.11 Behandlungskapazitätsnachweis

Um eine Zuordnung von Patienten zu Zielkrankenhäusern treffen zu können, ist die Kenntnis über deren aktuelle Versorgungskapazität notwendig. Dies nennt man Behandlungskapazitätsnachweis und umgangssprachlich Bettennachweis. Führt man keinen solchen Nachweis und transportiert »blind«,

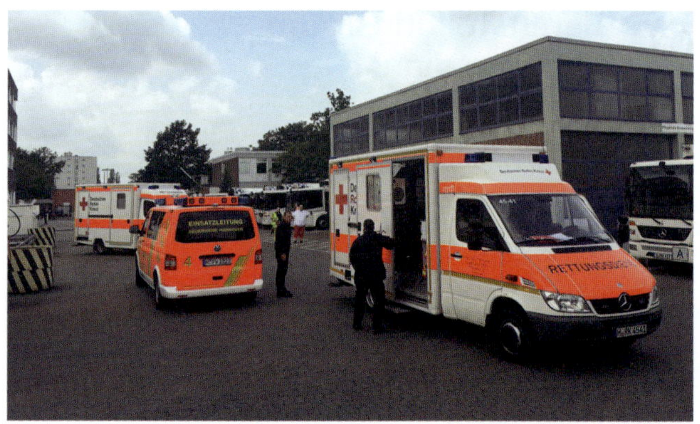

Bild 19: ***Organisation der Ladezone durch einen Einsatzleitdienst***

kann dies schnell zu chaotischen Verhältnissen in den Kliniken führen und eine schnelle Versorgung des Patienten wird hierdurch nicht erreicht.

Es besteht die Möglichkeit, für die Aufnahme von einzelnen Patienten die Krankenhäuser abzufragen und so einen patientenbezogenen Nachweis zu haben. Bei größeren Patientenzahlen ist dies sehr aufwändig, deshalb wird man dann einen Positiv-Nachweis führen: Alle verfügbaren Kliniken werden einmal (oder in definierten Zeitabständen) nach ihrer Aufnahmekapazität abgefragt und das Ergebnis dokumentiert. Wenn nun ein Patient transportiert wird, streicht man einen Platz im Zielkrankenhaus aus dem Nachweis und hat so noch einen Überblick über freie Kapazitäten. Für den Bettennachweis gibt es auch elektronische Systeme. Hierbei können webbasiert direkte Kapazitäten in der Leitstelle und über mobile Endgeräte auch an der Einsatzstelle eingesehen und Patienten entsprechend zugewiesen werden. Wichtig hierbei ist, dass auch bei dem Ausfall einer technischen Komponente wie zum Beispiel der mobilen Internetverbindung über Rückfallebenen noch ein funktionales System verfügbar ist.

3 Ausbildung im Sanitäts- und Rettungsdienst

Zum besseren Verständnis der Strukturen und Arbeitsweisen im Sanitäts- und Rettungsdienst soll hier ein kurzer Einblick in die Ausbildung dieser Rettungskräfte gegeben werden.

3.1 Medizinische Ausbildungen

Die medizinische Qualifikation differiert in ihrer Ausbildungstiefe. Damit verbunden ergeben sich unterschiedliche Möglichkeit der Patientenversorgung. Eine Übersicht der medizinischen Qualifikationen soll im Folgenden geben werden.

3.1.1 Sanitätshelfer

Die Ausbildung zum Sanitätshelfer umfasst mehrere Wochenenden, gliedert sich in mehrere aufeinander aufbauende Stufen und ist als eine erweiterte Erste-Hilfe-Ausbildung mit Einweisung in spezielle Gerätschaften und Materialien des Sanitätsdienstes anzusehen. Ihr Umfang beträgt zwischen 48 und 64 Stunden. Sie stellt die Grundausbildung im Sanitätsdienst dar.

3.1.2 Rettungshelfer

Die Rettungshelferausbildung umfasst eine vierwöchige theoretische Grundausbildung, in der die notwendigsten Grundlagen der Notfallrettung vermittelt werden. Weiterhin sind ein je zweiwöchiges Praktikum in einer Klinik und an einer Rettungswache vorgesehen. Nur im Bundesland Nordrhein-Westfalen ist der Rettungshelfer eine Erweiterung der Sanitätshelferausbildung.

Die Aufgaben des Rettungshelfers (RH) sind im Rettungsdienst und Krankentransport die Assistenz und Zusammenarbeit mit höherqualifizierten Mitarbeitern. Im Sanitätsdienst und SEG-Bereich ist er als medizinisch Verantwortlicher im Einsatz, solange keine höher qualifizierte Einsatzkraft im Team verfügbar ist.

3.1.3 Rettungssanitäter

Die Ausbildung zum staatlich geprüften Rettungssanitäter (RS) dauert 13 Wochen und umfasst theoretische, klinische und Rettungswachenausbildung. Ihre Grundlage ist das so genannte 520-Stunden-Programm des Bund- Länderausschusses Rettungswesen. Der Rettungssanitäter wird nur als Führer einer Besatzung eines Krankentransportwagens zusammen mit einem Notfallsanitäter in der Notfallrettung oder als Fahrer des Notarzt-Einsatzfahrzeug eingesetzt. Im Sanitätsdienst und SEG-Bereich ist der Rettungssanitäter als medizinisch Verantwortlicher im Einsatz, solange keine höher qualifizierte Einsatzkraft im Team verfügbar ist.

3.1.4 Rettungsassistent

Die Ausbildung zum Rettungsassistenten (RA) wird seit 2014 nicht mehr angeboten. Diese zwei Jahre dauernde Berufsausbildung wurde durch das Berufsbild des Notfallsanitäters abgelöst. Erworbene Qualifikationen behalten aber ihre Gültigkeit, sodass man auch heute noch auf diese Berufsbezeichnung stößt. Aufgabe des Rettungsassistenten ist die Durchführung von Krankentransporten sowie der Einsatz in der Notfallrettung. Hier soll der Rettungsassistent die Transportfähigkeit von Patienten wiederherstellen und während des Transportes aufrechterhalten. Eine Hauptaufgabe, von der sich auch der Name der Berufsbezeichnung ableitet, ist die Assistenz gegenüber dem Notarzt.

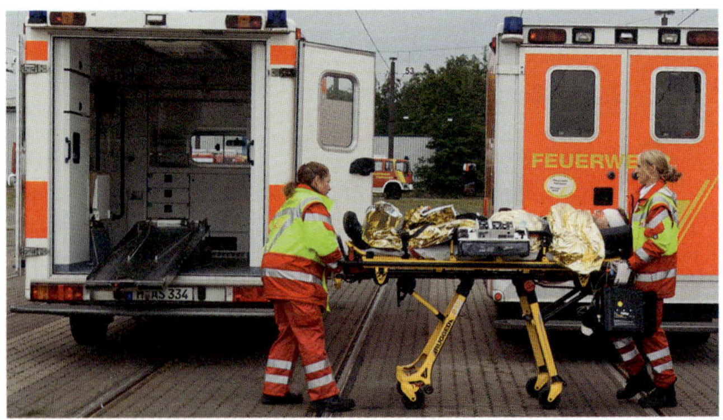

Bild 20: ***Rettungsdienstkräfte beim Patiententransport zum Rettungswagen***

3.1.5 Notfallsanitäter

In der drei Ausbildungsjahre umfassenden Berufsausbildung zum Notfallsanitäter (NFS) werden umfassende fachliche Kenntnisse in der Notfallmedizin, aber auch persönliche und soziale Kompetenzen vermittelt. So soll der Notfallsanitäter auch in komplexen Einsatzlagen mit einem hohen Maß an Eigenverantwortung agieren. Es dürfen auch heilkundliche Maßnahmen, wie zum Beispiel die Gabe ausgewählter Medikamente, am Patienten durchgeführt werden, sofern diese im Vorfeld durch den ärztlichen Leiter Rettungsdienst freigegeben wurden. Die Hauptaufgaben des Notfallsanitäters sind die teamorientierte Durchführung der notfallmedizinischen Versorgung sowie der Patiententransport. Notfallsanitäter ist die höchste nichtärztliche Qualifikation im Rettungsdienst.

3.1.6 Organisatorischer Leiter Rettungsdienst

Der Organisatorische Leiter Rettungsdienst (OrgL) sollte erfahrener Notfallsanitäter sein. Um in die Führungsarbeit voll integrierbar zu sein, sollte er eine abgeschlossene Führungsausbildung der Hilfsorganisationen oder der Feuerwehr vorweisen. Die Ausbildung beinhaltet neben der speziellen taktischen Führung von Rettungsmitteln auch die Kenntnis über die Strukturen des örtlichen Rettungsdienstbereiches nebst den Krankenhäusern, deren Kapazitäten und Fachrichtungen sowie der Leistungsfähigkeit und Verfügbarkeit des Rettungsdienstes.

3.1.7 Arzt/Notarzt

Grundsätzlich ist jeder Arzt gegenüber dem nichtärztlichen Rettungspersonal medizinisch weisungsbefugt. Nicht alle Ärzte im »Noteinsatz« sind Notärzte. Eine Unterscheidung zwischen kassenärztlichem Notdienst, also dem Vertretungsdienst für den Hausarzt außerhalb dessen Sprechzeiten, und dem Notarztdienst ist zwingend erforderlich.

Die Ausbildung zum Notarzt setzt die Approbation, also die Berechtigung, den Arztberuf auszuüben, voraus. Die Bundesärztekammer gibt in Form einer Musterempfehlung die Lehrinhalte des ca. 80 Stunden umfassenden Notarztkurses vor, welcher zum Erlangen der »Zusatzbezeichnung Notfallmedizin« erforderlich ist. Auch hier gibt es länderspezifische Abweichungen.

3.1.8 Leitender Notarzt

Um auf die Aufgabenwahrnehmung vorbereitet zu sein, liegt der Schwerpunkt bei der Ausbildung zum Leitenden Notarzt (LNA) auf der Vermittlung der Sichtungstechnik und damit der medizinischen Organisation des Einsatzraumes. Leitende Notärzte sind in der Regel erfahrene Notärzte, die über detaillierte Kenntnisse der medizinischen Infrastruktur des Rettungsdienstbereiches verfügen. Sie sind den am Einsatzort eingesetzten Notärzten medizinisch weisungsbefugt. Der LNA ist somit eine ärztliche Führungskraft, die vor Ort medizinisch-organisatorische Aufgaben wahrnimmt.

3.2 Fachausbildung im Bereich der Hilfsorganisationen

Die Hilfsorganisationen verfügen über mehrere Fachdienste. Diese gewährleisten verschiedene Leistungen und Aufgaben auch im Rahmen eines MANV-Einsatzes. Die Fachdienstausbildungen sind angelehnt an die Erfordernisse des Katastrophenschutzes, das bedeutet, sie enthalten auch ein Mindestmaß an taktischer Grundausbildung, um die Führungsfähigkeit der Einheiten zu gewährleisten.

Für den Einsatzleiter der Feuerwehr ist es wichtig, die Fähigkeiten der anrückenden oder nachzufordernden Einheiten beurteilen zu können. Die Anforderung einer Einheit mit bekanntem Leistungsprofil erleichtert auch die Arbeit der übergeordneten Führungsebenen. Die folgende Darstellung orientiert sich an den Ausbildungen des Deutschen Roten Kreuzes, sie ist dem Inhalt nach aber mit denen anderer Hilfsorganisationen vergleichbar. Neben einer Grundausbildung aller Fachdienste – im Regelfall Sanitätsausbildung, Sprechfunkausbildung und nach Bedarf weiterer Ergänzungslehrgänge – folgt die Fachdienstausbildung. Diese befähigt die Einsatzkräfte zur Wahrnehmung der fachdienstspezifischen Aufgaben. Die Fachdienstausbildungen sind in der Regel Standortausbildungen, sodass auch hier Unterschiede in Form und Inhalt auftreten können.

3.2.1 Sanitätsdienst

Der Sanitätsdienst, mit der Sanitätsausbildung als vorgesehener Fachdienstausbildung, hat die Aufgabe, verletzte oder erkrankte Personen zu versorgen und zu transportieren. Der Sanitätsdienst ist in Ausstattung und Ausbildung nicht mit dem Rettungsdienst identisch. Von daher wird zur Erhöhung der medizinischen Fähigkeit des Sanitätsdienstes eine Integration rettungsdienstlicher Fähigkeiten und Ausrüstung in den Sanitätsdienst angestrebt.

Hervorzuheben ist an dieser Stelle der Aufgabenschwerpunkt der Versorgung. Der Sanitätsdienst mit der Struktur des Behandlungsplatzes bietet als einzige Einheit die Möglichkeit zur Versorgung mehrerer Patienten im Einsatzgebiet. Der Sanitätsdienst ist jedoch nicht in der Lage, die Krankenhaus-

Bild 21: ***Gerätewagen SAN Bund MTF 34 Kassel (Quelle: Jochen Rühle)***

versorgung zu übernehmen. Er versorgt Patienten und stabilisiert diese bis zum möglichst zeitnahen Abtransport in das Krankenhaus oder entlässt diese vor Ort. Eine Patientenversorgung auf rettungsdienstlichem Niveau ist nur bei der Integration rettungsdienstlicher Einheiten möglich.

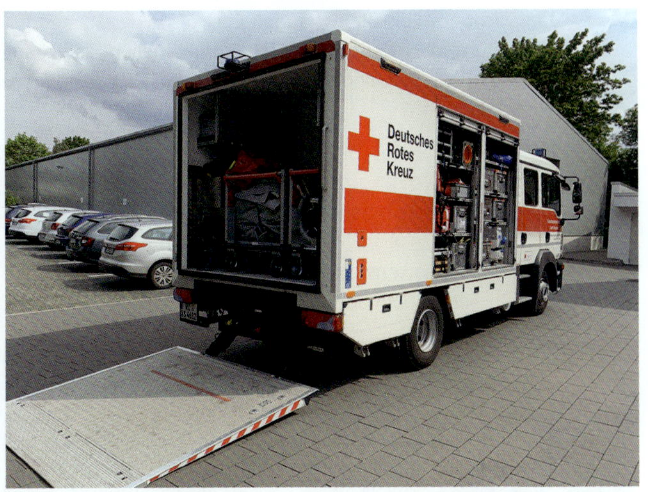

Bild 22: ***Gerätewagen SAN Bund MTF 34 Kassel (Quelle: Jochen Rühle)***

Der Arzt ist Bestandteil des Sanitätsdienstes. Dies ist insoweit erwähnenswert, als dass die ärztliche Ausbildung nicht von den Hilfsorganisationen durchgeführt wird. Auch stehen in den Einheiten des Sanitätsdienstes nicht immer Ärzte mit der

Zusatzqualifikation Notfallmedizin zur Verfügung, welche über notfallmedizinische Kenntnisse verfügen. Dennoch ist der Arzt der medizinische Leiter der Versorgung am Behandlungsplatz.

Über die verfügbaren Strukturen des Sanitätsdienstes, dessen Leistungsfähigkeit und Ausrüstung sollte sich der Einsatzleiter der Feuerwehr bereits im Vorfeld Kenntnis verschaffen. Nicht alle Einheiten verfügen über die in der Stärke- und Ausrüstungsnachweisung (STAN) vorgesehenen Fahrzeuge und Ausrüstungen, andere dagegen sind weit darüber hinaus ausgestattet.

3.2.2 Betreuungsdienst

Der Betreuungsdienst versorgt Betroffene. Er unterstützt den Sanitätsdienst durch Übernahme der Betreuung von Verletzten

Bild 23: ***Betreuungsstelle***

und Erkrankten. Im Rahmen des Verpflegungsdienstes versorgt er Einsatzkräfte und Betroffene mit Nahrung und Getränken. Der Betreuungsdienst richtet Unterkünfte für Betroffene und Einsatzkräfte her.

Entsprechend dem weiten Aufgabenfeld des Betreuungsdienstes sind die Ausbildungen dort vielfältig. Jeder Helfer durchläuft einen Grundlehrgang Betreuungsdienst, auf dem dann die Fachdienstausbildungen Soziale Betreuung, Unterkunftsdienst und Verpflegungsdienst aufbauen. Auch die Einheiten des Kriseninterventionsdienstes sind zumeist beim Betreuungsdienst angesiedelt.

Sobald in einer MANV-Lage die Anzahl der Betroffenen steigt, ist der Einsatz des Betreuungsdienstes indiziert. Zwar wird diese Aufgabe bisweilen vom Sanitätsdienst mit übernommen, dieser ist dann jedoch für die Versorgung Verletzter und Erkrankter gebunden und verfügt zumeist nicht über eine adäquate Ausstattung wie z. B. Sitzgelegenheiten in größerer Anzahl. Zeitgemäß strukturierte, rettungsdienstlich orientierte SEG besitzen zumeist eine Gruppe Technik und Betreuung, die bei kleineren Lagen die Aufgaben des Betreuungsdienstes übernimmt.

Der Kriseninterventionsdienst (KID) ist eine Einrichtung für Personen in psychischen Belastungssituationen. Die Zielgruppe des KID sind neben Betroffenen auch Einsatzkräfte, die durch den Einsatz unter besonderer Belastung stehen. Insbesondere bei Einsätzen mit jungen oder unerfahrenen Einsatzkräften kann es zu interventionsbedürftigen Reaktionen kommen, bei denen die Präsenz des KID als psychische erste Hilfe wertvoll ist. Die Ausbildung der Einsatzkräfte des KID ist nicht einheitlich geregelt, es gibt Gruppen mit kirchlichem oder weltanschaulich neutralem Hintergrund; auch der Umfang der Ausbildung variiert. Von ausgebildeten Psychologen und Fachärzten für Psychiatrie bis hin zu Laienhelfern ist alles vertreten.

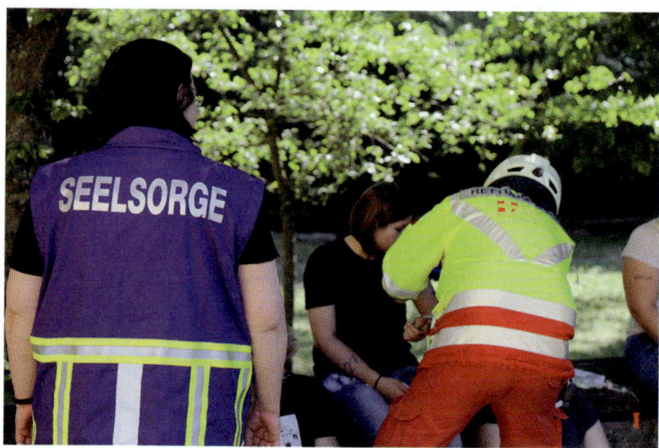

Bild 24: ***Seelsorge an einer Einsatzstelle***

Der Bereich Unterkunft richtet Unterbringungsmöglichkeiten her. In erster Linie werden hierzu öffentliche Gebäude wie Schulen, Sporthallen und ähnliche Räumlichkeiten ausgewählt. Der Bereich Unterkunft benötigt eine gewisse Vorlaufzeit zur Erkundung und Einrichtung von festen Unterkünften. Nur in Ausnahmefällen werden Notunterkünfte in Form von Zelten errichtet.

Der Verpflegungsdienst versorgt Betroffene und Einsatzkräfte mit Nahrung. Hierzu bedarf es zum Teil umfangreicher

Ausbildungen an Feldkochherden, im Bereich Lebensmittelhygiene und Logistik. Der Verpflegungsdienst ist je nach Auftrag und Vorlaufzeit in der Lage, vorbereitete Kalt- oder Warmverpflegung in kurzer Zeit bereitzustellen. Auch bei Lagen, die sich über mehrere Tage hinziehen kann umfangreiche Vollverpflegung zur Verfügung gestellt werden.

Zu beachten ist die Vorlaufzeit des Betreuungsdienstes. Sobald umfangreichere Tätigkeiten wie das Herstellen von Warmverpflegung oder das Errichten von Unterkünften erforderlich werden, muss die Alarmierung zeitnah erfolgen, um die Leistungen im Einsatzverlauf nutzen zu können.

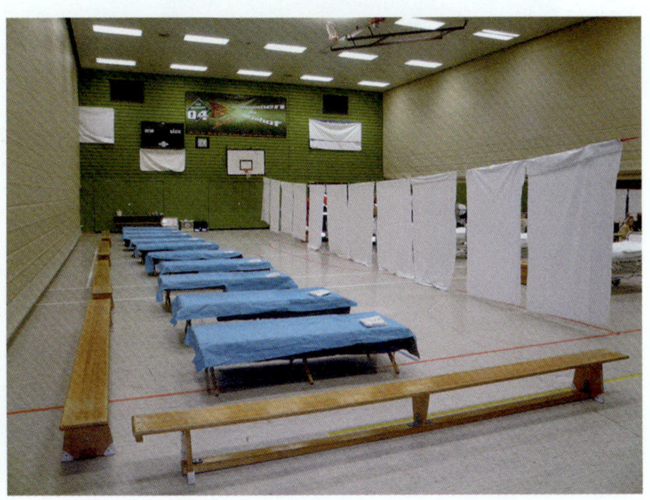

Bild 25: ***Vorbereitete Notunterkunft***

Bild 26: ***Verpflegungsstelle***

Bild 27: ***Feldkochherd***

3.2.3 Technischer Dienst

Der Technische Dienst unterstützt die anderen Fachdienste im Bereich Energie- und Wasserversorgung sowie Entsorgung. Er gewährleistet die technische Sicherheit, unterstützt bei technischen Arbeiten und ermöglicht so das Tätigwerden von anderen Fachdiensten. Demzufolge gibt es eine Fülle von Sonderlehrgängen, die zum Teil Ähnlichkeit mit den Ausbildungen der Feuerwehren haben. So ist über den Kettensägenlehrgang bis hin zur Trinkwasseraufbereitung ein weites Feld abgedeckt. In erster Linie jedoch sichert der Technische Dienst die Energieversorgung.

Im Gegensatz zu den Feuerwehren sind die Aufgaben meist logistischer Natur. Es wird nur in Ausnahmefällen Menschenrettung betrieben, für eine Brandbekämpfung sind die Ausbildung und die Ausstattung nicht gegeben. Der Technische Dienst ist in den meisten Fällen eine notwendige Unterstützungseinheit für die Einsatzkräfte des Sanitäts- und Betreuungsdienstes. Der Einsatzleiter der Feuerwehr muss daher prüfen, ob der Technische Dienst, sofern er sich bereits im Einsatz befindet, Kapazitäten für weitere Aufträge hat. Bei größeren Lagen kann ein Zusammenwirken mit der Feuerwehr jedoch für eine wünschenswerte Bündelung der Kräfte sorgen.

3.3 Strategisch-taktische Ausbildung

Die Einheiten der Hilfsorganisationen bedürfen im gleichen Maße wie die Einheiten der Feuerwehren der Führung. Daher unterscheidet sich der Anspruch an die führungstechnische

Ausbildung der Hilfsorganisationen nicht wesentlich von dem der Feuerwehren.

Führungskräfteausbildungen sind keine Standortausbildungen, sondern werden zumeist an zentralen Lehreinrichtungen der Hilfsorganisationen durchgeführt. Das gewährleistet ein hohes Maß an Übereinstimmung mit den Inhalten und Schwerpunkten der Ausbildungen anderer Organisationen einschließlich der Feuerwehren. Schließlich müssen ein Einsatzleiter der Feuerwehr und ein Einheitsführer einer Sanitäts- oder Betreuungseinheit »die gleiche Sprache sprechen«, wenn sie sich gemeinsam im Einsatz befinden und diesen erfolgreich bewältigen wollen.

Bild 28: ***Außenansicht einer Technischen Einsatzleitung***

Die Struktur der Einheiten der Hilfsorganisationen ist denen der Feuerwehren ähnlich. Regelmäßig kommen auch hier Züge, Gruppen und Trupps zum Einsatz. Daraus folgt die Notwendigkeit der Ausbildung auch für die Bereiche Trupp-, Gruppen- und Zugführer.

Auf den Inhalt der Führungskräfteausbildung soll hier im Einzelnen nicht eingegangen werden, da sie sich von der Gruppen- und Zugführerausbildung der Feuerwehren, in Bezug auf Führungswissen, nicht wesentlich unterscheidet. Wichtig für den Einsatzleiter der Feuerwehr ist, dass er mit den Führungskräften der Hilfsorganisationen im Regelfall kommunizieren kann wie mit Führungskräften der Feuerwehr. Der Einsatzleiter der Feuerwehr kann die Einheiten der Hilfsorganisationen ähnlich wie Einheiten der Feuerwehr führen und muss dies auch tun. Die Unkenntnis rettungs-, sanitäts- oder betreuungsdienstlicher Details entbindet den Einsatzleiter in Abhängigkeit der landesrechtlichen Regelungen nicht von seiner Führungsverantwortung.

Neben der organisationseigenen Führungskräfteausbildung nehmen viele Führungskräfte der Hilfsorganisationen die Möglichkeit wahr, sich extern fortzubilden. So nehmen nicht wenige Führungskräfte an Lehrgängen der Landesfeuerwehrschulen oder der Akademie für Krisenmanagement, Notfallplanung und Zivilschutz (AKNZ) des Bundes teil. Insbesondere Lehrgänge wie »Führen von Verbänden« oder »Einführung in die Stabsarbeit« werden von Angehörigen der Hilfsorganisationen absolviert.

Die Umsetzung des erlernten Führungswissens in die Praxis fällt verschiedenen Personen unterschiedlich leicht. Oftmals ist diese Fähigkeit von der Tagesform abhängig, aber auch der

Bild 29: ***Technische Einsatzleitung im Arbeitsbetrieb***

Faktor Einsatzerfahrung spielt eine Rolle. Dies gilt jedoch nicht nur für Kräfte der Hilfsorganisationen, sondern auch für die der Feuerwehr. Es gibt in allen Ebenen und bei allen Organisationen im realen Einsatz in Bezug auf die aktuelle Leistungsfähigkeit »stärkere« und »weniger starke« Einsatzkräfte.

Zusätzlich zu den allgemeinen Ausbildungen der Führungskräfte gibt es noch Ausbildungen für Führungskräfte in besonderer Verwendung. Hier ist für den Einsatzleiter der Feuerwehr in erster Linie die Ausbildung des OrgL von Bedeutung. Die Einsatzkriterien des OrgL und LNA sind länderspezifisch, grobe Richtwerte sind der Einsatz von mehr als zwei Notärzten an einer Einsatzstelle, mehr als fünf Verletzte oder besondere

Gefährdungs- und Einsatzlagen. Die geltenden Alarmierungskriterien können bei den jeweiligen Leitstellen zur Kenntnis genommen werden.

Bild 30: ***Die Leitstelle als wichtiger Baustein in der Führungsarbeit***

Aufgrund der Arbeitsweise des Rettungsdienstes benötigen die Fahrzeugbesatzungen im alltäglichen Rettungsdiensteinsatz selten taktische Einsatzführung. Im Standardeinsatz arbeitet eine Fahrzeugbesatzung als Team eigenständig oder in Kooperation mit der Besatzung eines arztbesetzten Rettungsmittels. Hier gibt es keine Gruppen oder Züge mit entsprechender Führungsstruktur. Daher fehlt es vielen Mitarbeitern im Rettungsdienst auch an taktischer Führungserfahrung im Einsatz. Zwar erlangen sehr viele engagierte Mitarbeiter des Rettungsdienstes Qualifikationen im Bereich der taktischen Einsatzführung (z. B. Trupp-, Gruppen- oder Zugführer der

Bild 31: ***Patientenversorgung durch Rettungsdienstkräfte der Feuerwehr***

Freiwilligen Feuerwehr oder einer Hilfsorganisation), aber eine Voraussetzung zur Arbeit im Rettungsdienst ist dies nicht. Rettungsdienstmitarbeiter der Berufsfeuerwehr verfügen, aufgrund ihrer feuerwehrtechnischen Ausbildung, zumindest über die Qualifikation zum Trupp- oder Gruppenführer und haben Erfahrung mit der taktischen Arbeit in einem Löschzug. Dieser Tatsache sollte sich der Gesamteinsatzleiter der Feuerwehr und die Einsatzabschnittsleitung Rettungsdienst bewusst sein.

Wenn Rettungsmittel als Bestandteil einer taktischen Einheit anrücken, unterstehen diese einer Führungskraft. Damit ist Führbarkeit gewährleistet und die Befehlsgebung kann wie gewohnt an den Einheitsführer erfolgen. Das bedeutet, dass der Gesamteinsatzleiter der Feuerwehr einen Überblick haben muss, welche Art rettungs- oder sanitätsdienstlicher Einheiten ihm zur Verfügung stehen und wie er diese einsetzen kann.

Insbesondere in Einsatzbereichen, wo Feuerwehr und Rettungsdienst oft zusammen zum Einsatz kommen, ist ein gemeinsames Einsatztraining mit Schwerpunkt Einsatzführung durchaus hilfreich.

4 Aufgaben der Feuerwehr im Management des MANV

Da die Feuerwehr im Regelfall an einem MANV-Einsatz beteiligt sein wird, fallen ihr dort auch Aufgaben zu. Diese Aufgaben schließen nicht nur die Hilfeleistung und Brandbekämpfung ein, sondern fordern darüber hinaus auch die Unterstützung der anderen Rettungskräfte.

4.1 Gesetzgebung

Gefahrenabwehr ist gemäß dem Grundgesetz Aufgabe der Länder. Zur Gefahrenabwehr gehört auch der Bereich der Gefahrenabwehr im Gesundheitswesen und damit der Rettungsdienst. Demzufolge finden sich Regelungen zu Organisation und Aufgabe des Rettungsdienstes in den jeweiligen Landesrettungsdienstgesetzen. Hier gibt es von Land zu Land unterschiedliche Regelungen, auf die nicht näher eingegangen werden soll, da sich grundsätzlich ein immer gleicher Aufbau ergibt.

Aufgabe des Rettungsdienstes ist es auch, bei der Bewältigung von Großschadenlagen mitzuwirken. Der Rettungsdienst ist ebenso in den landeseigenen Katastrophenschutz eingebunden bzw. wird die Mitwirkung der Leistungserbringer im Katastrophenschutz gefordert. Zumeist ist Rettungsdienst den Landkreisen bzw. kreisfreien Städten übertragen, die für die entsprechenden Strukturen zu sorgen haben. Hier können dann unterschiedliche Regelungen zu Zuständigkeiten und Befugnissen getroffen werden.

Für den MANV-Fall hat sich jedoch nahezu bundesweit die Bestellung einer Führungsstruktur bestehend aus OrgL und LNA durchgesetzt. Beispielhaft wird diese im Niedersächsischen Rettungsdienstgesetz als örtliche Einsatzleitung (ÖEL) beschrieben. Diese Führungsstruktur übernimmt bei rettungsdienstlichen Großschadenlagen die Einsatzleitung. Im Falle eines gemeinsamen Einsatzes mit Kräften der Feuerwehr werden LNA und OrgL zumeist Bestandteil der Gesamteinsatzleitung vor Ort. Auch die Gefahrenabwehr durch die Feuerwehren ist Länderaufgabe. Daher finden sich die gesetzlichen Regelungen zu den Aufgaben der Feuerwehren in den Feuerwehrgesetzen der Länder. Auch hier wird aus Gründen der Übersichtlichkeit auf eine länderspezifische Darstellung verzichtet.

Im Falle eines gemeinsamen Einsatzes von Rettungsdienst und Feuerwehr wird eine einheitliche und aufeinander abgestimmte Einsatzleitung erforderlich. Diesem Erfordernis wird in den landesrechtlichen Regelungen auf unterschiedliche Weise Rechnung getragen. Unter Anderem kann die Einsatzleitung der nichtpolizeilichen Gefahrenabwehr in die Hände der Feuerwehr gelegt werden.

Der Einsatzleiter der Feuerwehr muss die Einbindung der rettungsdienstlichen Kräfte in sein Gesamtkonzept gewährleisten. Der Rettungsdienst wird in der Regel durch die Landkreise bzw. kreisfreien Städte sichergestellt, die Feuerwehren durch die Kommunen (Städte und Gemeinden). Daher kann es auf örtlicher Ebene ergänzende Regelungen zu Unterstellungen im Einsatzfall oder zu Führungsstrukturen im Einsatz geben.

Bild 32: ***Zusammenarbeit von Gesamteinsatzleiter und OrgL***

Auch der Katastrophenschutz ist Aufgabe der Länder. Maßgeblich sind hier die Landeskatastrophenschutzgesetze. Sie enthalten Regelungen über Begriffe und Aufgaben des Katastrophenschutzes. Länderspezifische Unterschiede sollen auch hier nicht dargestellt werden. In den entsprechenden Gesetzen bzw. dazu gehörenden Erlassen finden sich jedoch auch die Strukturen der jeweiligen Einheiten der Fachdienste, sodass ein Blick in das jeweilige Landesgesetz empfohlen wird.

4.2 Führungsaufbau/Einsatzleitung

In Abhängigkeit der landesrechtlichen Regelungen muss der Rettungsdienst in den Führungsaufbau der Feuerwehr integriert werden. Zumeist wird einen Einsatzabschnitt Rettungsdienst etabliert, dessen Führung von OrgL und LNA wahrgenommen wird. Die Führungsorganisation der Feuerwehr bleibt unberührt und kann wie gewohnt sofern erforderlich bis hinauf zur stabsmäßigen Führung gemäß FwDV 100 (Führung und Leitung im Einsatz) aufgebaut werden. Führungskräfte des Sanitäts- bzw. Rettungsdienstes können als

Bild 33: ***Stabsmäßige Führung***

Fachberater in den Stab und/oder in die Gesamteinsatzleitung vor Ort berufen werden.

4.3 Unterstützung des Rettungsdienstes

Um einen reibungslosen Einsatzablauf zu gewährleisten, sollen im Folgenden die durch die Feuerwehr zu leistenden Standardunterstützungsmaßnahmen vorgestellt werden.

Bild 34: ***Unterstützung mittels Drehleiter bei der Patientenrettung***

4.3.1 Rettung aus dem Gefahrenbereich

Diese Aufgabe fällt auch im MANV-Geschehen der Feuerwehr zu. Da der Rettungsdienst im Regelfall nicht über ausreichende Schutzausrüstung und Ausbildung zum Vorgehen in Brand- oder ABC-Bereiche verfügt, ist das Verbringen der Verletzten und Betroffenen in einen sicheren Bereich durch die Feuerwehr zu gewährleisten. Wichtig hierbei ist es, genaue Übergabepunkte zu definieren. Die Übergabe muss außerhalb der Gefahrenzone stattfinden. Liegt der Punkt zu weit außerhalb, so werden für die längere Transportstrecke unnötigerweise Ressourcen gebunden.

Bild 35: ***Einsatzstelle mit ABC-Gefahren***

Bild 36: ***Transport aus dem Schadenraum durch Kräfte der Feuerwehr***

Übergabepunkte müssen allen beteiligten Kräften bekannt sein und sind durch die Feuerwehr festzulegen, da nur sie eine geeignete Einschätzung der Gefahrensituation vornehmen kann.

4.3.2 Patiententransport und Patientenshuttle

Auch außerhalb von Gefahrenbereichen ist es oftmals notwendig, dass Patienten von Kräften der Feuerwehr transportiert werden. Gerade wenn der Transport ohne Fahrzeuge erfolgen muss, sind viele helfende Hände gefragt. Da in der

Fläche wesentlich mehr Feuerwehr- als Rettungsdienstkräfte verfügbar sind und zum Tragen von Patienten auch kaum medizinisches Fachwissen erforderlich ist, ist hier die Feuerwehr in der Pflicht zu unterstützen.

Bild 37: ***Weitertransport außerhalb des Schadenraumes durch Kräfte der Feuerwehr***

Um die Ressourcen des Rettungsdienstes nicht mit dem Transport von Betroffenen auszuschöpfen, kann dieser ebenfalls mit Feuerwehrfahrzeugen (z. B. Mannschaftstransportwagen) erfolgen.

4.3.3 Technische Unterstützung

Viele SEG verfügen über technisches Equipment und Bedienpersonal. Es kann aber auch notwendig sein, dass die Feuerwehr im technischen Bereich unterstützend tätig werden muss.

Denkbar sind:

- unterstützen beim Aufbau von Zelten,
- Montage und Inbetriebnahme von Beleuchtung und Heizung,
- Bereitstellung und Betrieb von Stromgeneratoren,
- Versorgung mit Betriebsstoffen.

5 Einsatztaktische Varianten

Ziel bei einem Einsatz mit einem Massenanfall von Verletzten ist es, jeden Patienten nach einer ersten Versorgung vor Ort schnellstmöglich einer geeigneten individualmedizinischen Krankenhausversorgung zuzuführen. Hierbei muss es vermieden werden, die Ressourcenknappheit unkontrolliert von der Einsatzstelle in die Kliniken zu verlagern.

Welches einsatztaktische Konzept erforderlich ist, um dieses Ziel zu erreichen, ist nicht nur von der Patientenanzahl, sondern im Wesentlichen auch von der Transportkapazität mit Rettungsmitteln, den Möglichkeiten des erweiterten Rettungsdienstes sowie der Versorgungskapazität der regionalen Notfallkrankenhäuser abhängig. Je nach Rettungsdienstbereich und in Abhängigkeit von Wochentag und Tageszeit unterscheiden sich diese strukturellen Voraussetzungen. Gleich bleiben jedoch die einsatztaktischen Varianten, die je nach Lage angewendet werden können. Der wesentliche Unterschied ist, wie die »Pufferung« der Patienten bis zur definitiven klinischen Versorgung erfolgt. Bereits unterhalb der regional individuell festzulegenden MANV-Schwelle bedürfen Einsätze mit mehreren Rettungsmitteln an einer Einsatzstelle eines koordinativen Aufwandes. Um einen reibungslosen Ablauf und eine geeignete Aufteilung der Patienten auf die Kliniken zu gewährleisten, muss festgelegt sein, wer bei solchen Lagen die Führungsfunktion sowohl organisatorisch als auch medizinisch wahrnimmt (z. B. Notfallsanitäter und Notarzt des ersteintreffenden arztbesetzten Rettungsmittels).

Tabelle 2: ***Einsatztaktische Varianten***

Variante:	Taktik:	Beschreibung:	Kräfte:	Kranken-häuser:
Rettungs-mittel	Transport	Zeitnahe Verteilung auf Rettungsmittel und Transport bei entsprechender Versorgungskapazität in den KH.	Regel-RD	Regional
Patienten-ablage	Kurzzeitiger Puffer über PA/Transport	Betrieb einer erweiterten Patientenablage. Zeitnaher Transport bei entsprechender Versorgungskapazität in den KH.	Regel-RD SEG mit GW-San Transportmodul	Regional
Behand-lungs-platz	Puffer über PA und BHP	Zur Überbrückung, bis Transport- und KH-Kapazität verfügbar sind, Betrieb eines BHP erforderlich. Überwiegend reichen die regionalen Krankenhäuser aus.	Regel-RD BHP Modul Transportmodule	Regional/ Überregional

Tabelle 2: ***Einsatztaktische Varianten – Fortsetzung***

Variante:	Taktik:	Beschreibung:	Kräfte:	Kranken-häuser:
Notfall-kranken-häuser	Puffer über BHP und/oder regionale Kranken-häuser	Betrieb BHP erforderlich. Regionale Krankenhäuser reichen für die Versorgung nicht aus. Klinische Erstversorgung in regionalen KH, Weiterverlegung in überregionale KH. Unter Umständen mehrere BHP Module erforderlich.	Regel-RD (Mehrere) BHP Modul(e) Transportmodule	Regional/ Überregional

Um eine sinnvolle Anwendung der Varianten zu ermöglichen, muss eine Adaption an die örtlichen Verhältnisse erfolgen. Für eine Erstalarmierung muss in Abhängigkeit der beschriebenen Faktoren festgelegt werden, bei welcher zu erwartenden Patientenzahl welche einsatztaktische Variante zur Anwendung kommen soll. Hier empfiehlt sich eine eher konservative Herangehensweise, da die tatsächliche Verfügbarkeit des Regelrettungsdienstes und die tatsächliche Versorgungskapazität in den Klinken nicht vorausgesagt werden können. Weiterhin ist die Alarm- und Ausrückeordnung für die verschiedenen Varianten zu definieren. Dies ist erforderlich, damit zeitnah die zur Durchführung der jeweiligen Variante benötigten Kräfte und Mittel zur Verfügung stehen. Vor Ort müssen die verantwortlichen Führungskräfte entscheiden, welche Variante aufgrund der tatsächlichen Gesamtlage umgesetzt wird. Von zentraler Bedeutung ist es, durch Sichtung identifizierte Patienten mit einer Transportpriorität unabhängig von der erforderlichen Variante schnellstmöglich in eine geeignete Klinik zu transportieren!

5.1 Variante Rettungsmittel

Die Patienten können aus einer spontanen Patientenablage oder dem Schadenraum direkt den Rettungsmitteln zugewiesen und nach erfolgter Transportkoordination sofort transportiert werden. Die regionalen Notfallkrankenhäuser können eine definitive Versorgung analog zum Regelrettungsdienst sicherstellen.

5.2 Variante mit Patientenablage

Das Erfordernis einer kurzzeitigen Pufferung von Patienten an der Einsatzstelle kennzeichnet die Variante mit Patientenablage. Es können also nicht sofort Rettungsmittel für alle Patienten bereitgestellt werden. Zur Überbrückung wird auf Patientenablagen zurückgegriffen. Neben der rettungsdienstlichen Einsatzführung (LNA und OrgL) werden Komponenten außerhalb des Regelrettungsdienstes benötigt, um Patientenablagen betreiben zu können.

Bild 38: ***Patientenablage***

5.3 Variante mit Behandlungsplatz

Zur Überbrückung bis Transport- und Krankenhauskapazität verfügbar sind, ist der Betrieb eines Behandlungsplatzes erforderlich. Überwiegend reicht die Versorgungskapazität der regionalen Krankenhäuser zur definitiven klinischen Patientenversorgung aus. Zur Bewältigung sind Einheiten für den Aufbau und Betrieb eines Behandlungsplatzes erforderlich. Die tatsächliche Inbetriebnahme eines Behandlungsplatzes ist zurückhaltend zu bewerten, da der zeitnahe Transport bei gewährleisteter klinischer Versorgung immer Vorrang hat. Da die Betriebsbereitschaft des Behandlungsplatzes einen großen zeitlichen Vorlauf in Anspruch nimmt, ist der Aufbau jedoch frühzeitig zu initiieren.

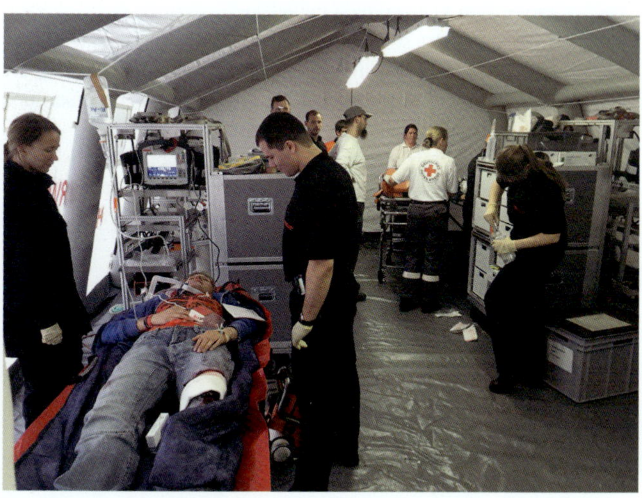

Bild 39: ***Behandlungsplatz***

5.4 Variante mit Notfallkrankenhäusern

Sofern die Patientenanzahl derart hoch ist, dass auch die regionalen Kliniken eine definitive Versorgung nicht gewährleisten können, so ist dies als Variante mit Notfallkrankenhäusern zu bezeichnen. Hierbei werden gegebenenfalls mehrere Behandlungsplätze benötigt. Einer klinischen Erstversorgung durch die regionalen Krankenhäuser schließt sich zur definitiven klinischen Versorgung eine Weiterverlegung in überregionale Kliniken an. Zur Bewältigung eins Szenarios in dieser Größenordnung werden auch überregionale Kräfte und Mittel benötigt.

6 Ablauf aus Sicht der Feuerwehr

Im Folgenden soll den Kräften der Feuerwehr ein Überblick über den Einsatzablauf gegeben werden. Natürlich ist dies nur ein Standardablauf, der sich vom tatsächlichen Einsatz unterscheiden wird. Ein einmal verinnerlichtes Grundkonzept lässt sich jedoch an die realen Einsatzbedingungen adaptieren und bietet so das Gerüst für einen erfolgreichen Einsatz.

6.1 Führungsebene

Das aus der FwDV 100 bekannte Führungssystem ist auch im MANV-Einsatz anzuwenden.

6.1.1 Lageermittlung und -meldung

Das ersteintreffende Fahrzeug hat, sofern dies möglich ist, bereits auf der Anfahrt oder mit dem Eintreffen eine erste Lagemeldung abzugeben. Diese »Lage auf Sicht« ist auch als solche kenntlich zu machen und enthält erste, eigene Wahrnehmungen, die Schadenart und Ausmaß grob wiedergeben sollten (z. B. »Verkehrsunfall, ein Reisebus auf Seite, es wird erkundet.«).

Die für die Einsatzstelle verantwortliche Führungskraft hat sich nun ein vollständiges Lagebild zu verschaffen. Hierbei ist nach den geltenden Grundsätzen der FwDV 100 entsprechend des Führungsvorganges vorzugehen.

Bild 40: ***Unübersichtliche Einsatzstelle mit MANV***

Die allgemeine Lage ist für den MANV-Einsatz zu berücksichtigen. Insbesondere die Witterung hat Einfluss auf die notwendigen Maßnahmen. So ergeben sich unterschiedliche Erfordernisse bei 20 °C im Schatten, 40 °C in der prallen Sonne oder -10 °C im Schneetreiben.

Im Rahmen der Erkundung der eigenen Lage steht die Frage im Vordergrund, wie viele Einsatzkräfte mit sanitäts- oder rettungsdienstlicher Qualifikation und welches Material werden benötigt und wann wird diese zur Verfügung stehen. Um eine Übersicht über die durchzuführenden Maßnahmen zu erlangen, ist das Ermitteln der vollständigen Schadenlage notwendig. Neben Schadenart und den daraus resultierenden

Gefahren, die bekämpft werden müssen, ist die Kenntnis über Anzahl und Schweregrad der Verletzten und Betroffenen für ein Einsatzkonzept erforderlich.

Sichtung

Nach dem Eintreffen der ersten dafür geeigneten Kräfte ist umgehend mit dem Sichtungsprozess zu beginnen. Die Patientenzahl nebst Sichtungskategorie ist zentraler Bestandteil der rettungsdienstlichen Lagebeurteilung und nur die durchgeführte Sichtung ermöglicht es, eine gezielte Versorgung und einen gezielten Transport nach vorliegender Dringlichkeit zu organisieren.

Bild 41: ***VOR-Sichtung durch Rettungsdienstkräfte***

6.1.2 Abschnittsbildung

Um eine größere Einsatzstelle übersichtlich und führbar zu halten, ist es unumgänglich, diese in verschiedene Einsatzabschnitte (EA) aufzugliedern. Neben der räumlichen Abschnittsbildung ist dies auch aufgabenbezogen sowie in einer Kombination aus beiden Möglichkeiten umsetzbar. Im MANV-Einsatz wird es im Regelfall einen Abschnitt Rettungsdienst geben. Die Abschnittsleitung wird durch OrgL und LNA gestellt. Da es meist etwas Zeit in Anspruch nimmt, bis OrgL und LNA vor Ort sind, in dieser Zeit aber bereits Rettungsdienstkräfte an der Einsatzstelle tätig sein werden, müssen diese anderweitig geführt werden.

Häufig wird die Übernahme der Führungsfunktionen im Einsatzabschnitt Rettungsdienst übergangsweise durch die Besatzung des ersteintreffenden – arztbesetzten – Rettungsmittels wahrgenommen. Die Standardaufgaben im Abschnitt Rettungsdienst, die im Rahmen eines MANV-Einsatzes zu bewältigen sind, lassen sich in Abhängigkeit der erforderlichen Grundvariante in standardisierten Unterabschnitten darstellen. Dies sind die Sichtung und Erstversorgung, die Patientenablage, die Transportorganisation und der Behandlungsplatz. Diese (Unter-)Abschnitte müssen gebildet und mit Führungskräften und erforderlicher personeller und materieller Ausstattung versehen werden.

Bild 42: ***Eintreffen des OrgL an einer Einsatzstelle***

6.1.2.1 Ordnen des Raumes

Die in der Anfangsphase eines Einsatzes getroffenen Entscheidungen zur räumlichen Aufteilung des Schadengebietes lassen sich im Nachhinein nur schwer revidieren. Die räumliche Ordnung im MANV-Einsatz ist zum einen nach den am Schadensort vorgefundenen räumlichen Gegebenheiten und zum anderen nach den zum erfolgreichen Beherrschen der Lage notwendigen taktischen Erfordernissen zu gestalten.

Oberste Priorität genießt das Aufrechterhalten der Bewegungsfähigkeit von Fahrzeugen innerhalb der Einsatzstelle. Wird dies vernachlässigt, sind der Einsatz von später eintreffenden Kräften, das Abrücken von frühzeitig eingetroffenen Fahrzeugen und eine angemessene Reaktion auf eine Lageänderung kaum noch möglich. Um frühzeitig Patienten abtransportieren zu können, ist die Einrichtung einer Ladezone bereits zu Beginn des Einsatzes erforderlich und bereits in der ersten Raumordnung zu berücksichtigen.

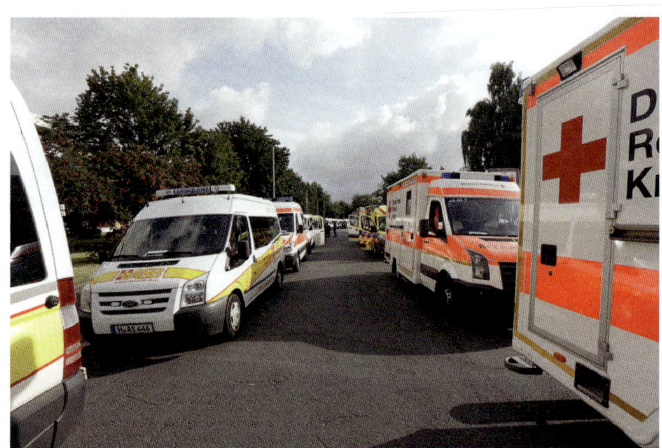

Bild 43: ***Bereitstellungsraum für Rettungsdienstfahrzeuge***

Bild 44: ***Bereitstellungsraum für Rettungsdienstfahrzeuge (hier Schrägaufstellung)***

Das Ziel, die Möglichkeit von Fahrzeugbewegungen innerhalb der Einsatzstelle zu erhalten, lässt sich durch die Kombination von zwei Maßnahmen erreichen:

- **Freihalten der Einsatzstelle von nicht direkt benötigten Fahrzeugen.** Einrichten und Betreiben von Bereitstellungsräumen. Zu beachten ist, dass sich ein Bereitstellungsraum nicht von alleine organisiert, sondern einer Organisation und Führung bedarf.

- **Freihalten von befahrbaren Wegen innerhalb der Einsatzstelle.** Wahlloses Abstellen von Fahrzeugen unterbinden. Rettungsfahrzeuge müssen im Normalfall nicht direkt in der ersten Reihe vor dem Schadensort stehen, Lösch- und Rüstfahrzeuge schon. Auch verlassen Rettungsfahrzeuge meist die Einsatzstelle vor den anderen Fahrzeugen. Um die Beweglichkeit der Rettungsmittel zu erhalten, hat sich unter anderem die Schrägparkposition bewährt.

Bild 45: ***Raumaufteilung Feuerwehr und Rettungsdienst***

Die beschriebenen Maßnahmen sind nur dann wirksam, wenn sie vom ersteintreffenden Fahrzeug an konsequent umgesetzt werden. Anrückenden Kräften ist ein möglichst exakter Anfahrtspunkt im Schadengebiet oder ein Bereitstellungsraum zuzuweisen.

Ein weiterer Aspekt ist die Aufteilung des vorhandenen Raumes, sodass Rettungsdienst und Feuerwehr ausreichend Aufstell- und Entwicklungsfläche zur Verfügung haben. Es sind die aus dem Feuerwehrbereich geläufigen Maßgaben zur Bestimmung von Fahrzeugaufstellplätzen anzuwenden (z. B. Gefahrenbereiche, Entwicklungsflächen, Löschwasserentnahmestellen, Rückzugsmöglichkeiten, »Spurenbereiche« sowie erforderliche Zufahrts- und Aufstellungsmöglichkeiten für nachrückende Einsatzmittel). Es sind jedoch auch die Belange des Rettungsdienstes zu berücksichtigen.

Im »normalen« Feuerwehreinsatz beteiligt sich der Rettungsdienst nur mit wenigen Fahrzeugen, welche minimale Entwicklungsflächen benötigen. Im MANV-Einsatz stellt sich dies anders dar. Hier ist der Platzbedarf einer Vielzahl von Rettungsdienst- und auch Luftrettungsfahrzeugen in der Raumordnung zu berücksichtigen. Die Einrichtung von Patientenablagen und/oder eines Behandlungsplatzes mit entsprechenden An- und Abfahrmöglichkeiten und Ladezonen haben einen erheblichen Platzbedarf. Dies hat zur Folge, dass die Feuerwehr bei der Positionierung ihrer Einheiten auch den Platzbedarf des Rettungsdienstes berücksichtigen muss.

Eine enge Abstimmung zwischen dem Einsatzleiter der Feuerwehr und der Abschnittsleitung Rettungsdienst ist zwingend erforderlich, um für Feuerwehr und Rettungsdienst ein möglichst optimales Platzangebot sicherzustellen. Nur so kann durch gegenseitige Absprachen der vorhandene Raum für alle beteiligten Kräfte sinnvoll genutzt werden.

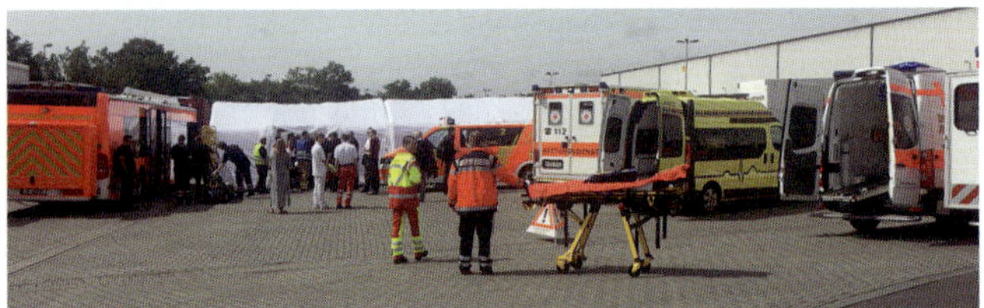

Bild 46: ***Raumbedarf für Rettungsdienstkräfte und Behandlungsplatz 50***

6.1.2.2 Ordnen der Kräfte

Um einen effizienten Einsatz des Personals zu ermöglichen, muss immer ein konkreter Auftrag erfolgen. Eintreffende Einheiten müssen unverzüglich einem Einsatzabschnitt und somit einem Einsatzabschnittsleiter zugewiesen werden, von dem sie ihren Auftrag erhalten. Diese im Feuerwehrwesen gängige Praxis ist auch auf den Rettungsdienst zu übertragen.

Im normalen Rettungsdienstalltag arbeitet das überwiegend aus zwei Personen bestehende Rettungsteam weitgehend selbständig und ist somit das Arbeiten mit Unterstellungsverhältnissen und taktischen Zwängen nicht gewohnt. Umso wichtiger ist es, an einer MANV-Einsatzstelle seitens der Feuerwehr eine klare Einsatzstellenstruktur aufzubauen und die Besatzungen der Rettungsmittel in diese Struktur einzuweisen. SEG- oder Sanitätseinheiten sind führungstechnisch entsprechend der Gliederung der Feuerwehr strukturiert. Sie sind in das Gesamtkonzept leichter zu integrieren.

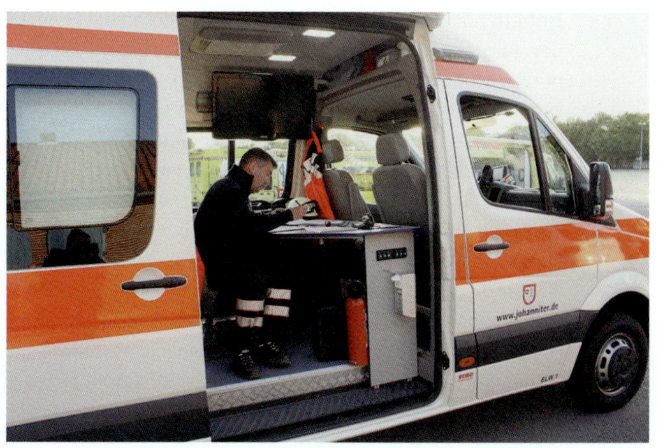

Bild 47: *Führungsmittel einer Hilfsorganisation*

6.1.3 Kommunikation

Das Sicherstellen der Kommunikation ist entscheidend, um einen geordneten Einsatzablauf zu gewährleisten. Wie sollen Aufträge an die Kräfte weitergeleitet oder Rückmeldungen erhalten werden, wenn keine Verbindung besteht? Verantwortlich für eine funktionierende Kommunikation ist der Einsatzleiter. Die Kommunikationsstruktur ist frühzeitig an die Einsatzstellenstruktur anzupassen. Eine Kanaltrennung im Einsatzstellenfunk ist bei größeren Lagen unausweichlich. Ein Grundkonzept muss bereits im Rahmen der Einsatzvorbereitung erarbeitet und erprobt werden.

Eintreffenden Einheiten müssen für sie vorgesehene Fernmeldewege mitgeteilt werden, nur dann können sie diese auch nutzen. Kommunikation über Mobiltelefone führt schnell zum Umgehen von Hierarchieebenen. Meldet sich ein Rettungsmittel selber über Handy im Krankenhaus an, so hat die Abschnittsleitung Rettungsdienst keine Möglichkeit dies mitzuhören und zu intervenieren.

Eine weitere Art der Einsatzstellenkommunikation ist der Einsatz von Personen als Melder. Diese zeit- und personalaufwändige Methode ist jedoch gerade für das Überbringen von Dokumentendaten (z. B. Bettennachweis, Sichtungslisten o. ä.) über kurze Distanzen innerhalb einer Einsatzstelle geeignet. Ein weiterer Grund mittels Melder zu kommunizieren ist der Ausfall von funk- oder drahtgebundenen Kommunikationseinrichtungen.

Es besteht auch die Möglichkeit, sich als Führungskraft selbst als »Melder« einzusetzen und selber den Informationsaustausch zu führen. Dies ist aber nur sinnvoll, wenn der eigentliche Führungsauftrag hierdurch nicht gefährdet ist. Vorteilhaft ist, dass etwaige Missverständnisse direkt ausgeräumt werden können und kein »stille Post«-Effekt zu erwarten ist.

Kommunikation lässt sich nicht nur auf die technische Ebene reduzieren. Vielmehr spielt der »Faktor Mensch« eine entscheidende Rolle bei erfolgreicher Kommunikation im Einsatz. Werden Meldungen oder Befehle technisch einwandfrei übermittelt, ist dies noch kein Garant dafür, dass diese auch verstanden und umgesetzt werden.

Verständnisschwierigkeiten sind insbesondere dann zu erwarten, wenn Institutionen mit unterschiedlichen Abkürzungen und Begrifflichkeiten aufeinandertreffen. So dürfte es für einen rettungsdienstlich nicht vorgebildeten Fernmelder der Feuerwehr nahezu unmöglich sein, im Einsatz auftauchende lateinische Fremdwörter des Rettungsdienstes aufzunehmen, einzuordnen und zu bewerten. Wichtigste Erkenntnis in solch einer Situation: Nicht »verstanden« sagen, wenn etwas nicht verstanden wurde!

Meldungen, Aufträge oder Befehle an »Organisationsfremde« sollten so formuliert sein, dass sie allgemeinverständlich sind und möglichst keine fachspezifischen Abkürzungen enthalten.

6.2 Einsatzmaßnahmen

Nicht nur die Führungsebene, sondern auch die durchzuführenden Einsatzmaßnahmen müssen der MANV-Lage Rechnung tragen.

6.2.1 Rettung aus dem Gefahrenbereich

Sollten sich noch Menschen im unmittelbaren Gefahrenbereich aufhalten, wird die Lagebeurteilung innerhalb des Führungsvorganges die Rettung dieser als Hauptaufgabe ergeben.

Bild 48: ***Menschenrettung durch die Feuerwehr***

Eine Versorgung von Personen im akuten Gefahrenbereich ist nicht sinnvoll. Um eine schnelle Versorgung gewährleisten zu können, ist ein schnelles Verbringen in einen sicheren Bereich notwendig. Je nach Gefahrenexposition, Dringlichkeit der medizinischen Versorgung und eigener Lage ist die Rettungsstrategie zu wählen. Hier ist eine gründliche Abwägung notwendig, um viele Menschen schnell und effektiv retten zu können. In begründeten Fällen ist eine Sofortrettung erforderlich, also eine schnellstmögliche Patientenrettung unter Tolerierung einer möglichen weiteren Schädigung des Patienten, wenn eine unmittelbare Gefahr und/oder ein medizinischer Grund dies rechtfertigt.

Bild 49: ***Sofortrettung eines Traumapatienten durch die Feuerwehr***

Je nach Gefahrenlage ist die notwendige Schutzausrüstung der vorgehenden Trupps zu definieren. Die Grenze des Gefahrenbereiches muss so markiert werden, dass eintreffende Kräfte, insbesondere des Rettungsdienstes, diese deutlich wahrnehmen können.

Besteht für die Betroffenen keine weitere akute Gefahr durch das Schadenereignis, können sie am Ort belassen und dort erstversorgt werden. Der Transport aus der Schadenstelle sollte dann in Absprache mit dem Rettungsdienst und nach erfolgter Sichtung durchgeführt werden. So ist gewährleistet, dass die medizinische Priorität bei der Rettung berücksichtigt wird.

Bild 50: ***Aufgrund einer ABC-Gefahrstofffreisetzung kann hier eine Rettung nur mit Schutzausrüstung erfolgen.***

6.2.2 Ressourcen bündeln

Um mit wenig Material und Personal viele Patienten versorgen zu können, müssen die Wege zwischen den einzelnen zu Versorgenden möglichst kurz sein. Hierfür müssen Patientenablagen eingerichtet werden. Wie viele Patientenablagen einzurichten sind, hängt von der Patientenzahl und den örtlichen Gegebenheiten ab. Werden beispielsweise Patienten über verschiedene Ausgänge gerettet, kann es sinnvoll sein, dort jeweils eine Ablage einzurichten. Werden übermäßig viele Patientenablagen etabliert, kann der Effekt der Kräftebündelung verloren gehen. Hier muss lageabhängig die richtige Entscheidung getroffen werden.

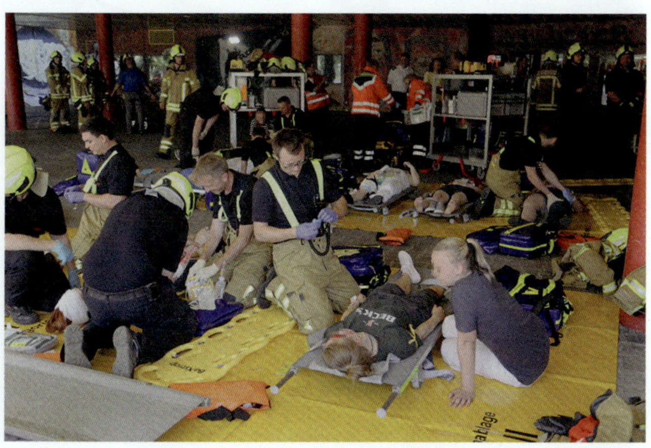

Bild 51: ***Versorgung auf einer Patientenablage***

Haben sich beim Eintreffen bereits selbständig Patientenablagen gebildet, ist zu prüfen, ob diese am selben Ort weiterbetrieben werden können oder aus einsatztaktischen Gründen verlegt werden müssen. Je nach zu erwartender Einsatzdauer kann es sinnvoll sein, bereits bestehende Ablagen im Sinne einer effizienteren Arbeitsweise umzuorganisieren und in eine geordnete Struktur zu überführen. An einer Patientenablage muss eine Sichtung und Registrierung der Patienten erfolgen. Nur so kann ein Überblick gewonnen und weitere notwendige Maßnahmen eingeleitet werden. Erfolgt diese Maßnahme nicht eigenständig, ist sie durch den Einsatzleiter anzuordnen.

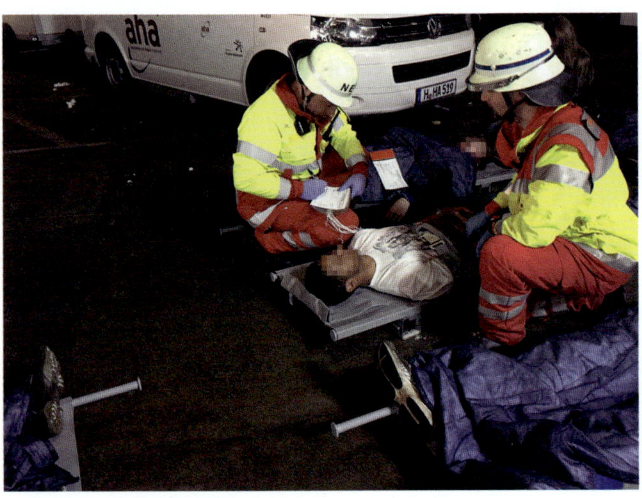

Bild 52: ***Ärztliche FOLGE-Sichtung***

Nach erfolgter Sichtung müssen Betroffene von den Verletzten separat betreut werden. Dies ist u. a. für die Übersichtlichkeit der Einsatzstelle wichtig. Der Aufwand einer Erstbetreuung ist stark von den Witterungsbedingungen abhängig. So ist ein schattiger Platz leichter bereitzustellen als eine Möglichkeit sich aufzuwärmen. Hier bieten sich Mannschaftsräume von Löschfahrzeugen, Hauseingänge, Treppenräume, Linien- oder Reisebusse und alles andere an, was warm und trocken ist. Da Betroffene im Regelfall gehfähig sind, sind auch Treppen und weitere Wege kein unüberwindbares Problem. Auch wenn Betroffene keiner notfallmedizinischen Versorgung bedürfen, dürfen Sie sich nicht allein überlassen werden. In der akuten Anfangsphase eines MANV-Einsatzes kann die Betreuung nach Absprache mit der Polizei vorübergehend auch an diese übergeben werden.

Patienten mit einer Transportpriorität sind unverzüglich aus der Einsatzstelle mit einem Rettungsmittel in eine geeignete Klinik zu transportieren. Die ist erforderlich, da z. B. eine innere Blutung nicht an der Einsatzstelle therapiert werden kann. Hier hilft nur eine chirurgische Intervention nach entsprechender Diagnostik. Diese Verfahren sind außerhalb einer Klinik regelhaft nicht durchführbar und ein schneller Transport ist hier die geeignetste Methode, das Patientenüberleben zu sichern.

6.2.3 Versorgungs- und Betreuungskapazität schaffen

In Abhängigkeit der gewählten einsatztaktischen Variante sind die erforderlichen Versorgungsmöglichkeiten vor Ort entweder über die Bereitstellung von genügend Rettungsmitteln, die Aufrüstung der Patientenablage(n) oder die Implementierung eines Behandlungsplatzes zu schaffen. Ist ein Behandlungsplatz tatsächlich erforderlich, so kann die Feuerwehr hier als technische Unterstützung bei Aufbau und Betrieb hilfreich sein.

Bild 53: ***Großraumrettungswagen zur Ergänzung der Patientenablage***

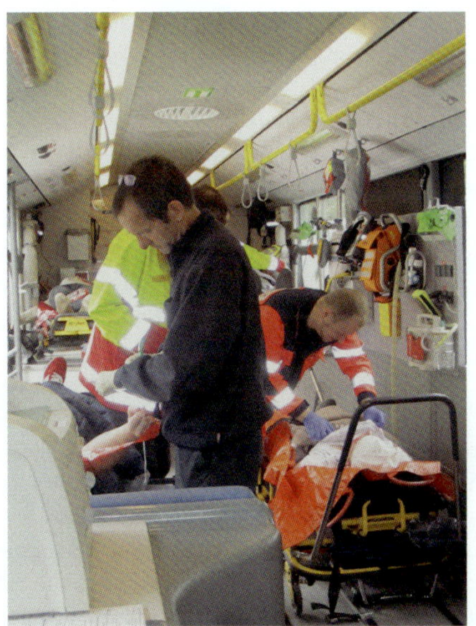

Bild 54: ***Großraumrettungswagen zur Ergänzung der Patientenablage (Innenansicht)***

Um sich dem Ziel einer geeigneten klinischen Versorgung zu nähern, ist die Kenntnis der aktuellen klinischen Kapazitäten erforderlich. Sofern der Bettennachweis nicht über mobile EDV-Geräte des Rettungsdienstes erfolgt, kann hier ein ELW der Feuerwehr als Führungsmittel wertvolle Hilfe leisten.

Für Betroffene ist eine Betreuungsstelle einzurichten. Diese muss die Zeit bis zur endgültigen Unterbringung überbrücken.

Ist eine längerfristige Unterbringung notwendig (z. B. Totalverlust der Wohnung) und eine langfristige Unterbringungsmöglichkeit ist zeitnah zu bekommen, kann diese selbstverständlich auch genutzt werden. Es ist aber in dieser Phase des Einsatzes nicht sinnvoll, Energien in die Suche nach langfristigen Lösungen zu investieren. Je nach Lage und zu erwartender Verweildauer in der Betreuungsstelle muss diese mindestens über folgende Voraussetzungen verfügen:

- sie muss warm, trocken und beleuchtet sein,
- Möglichkeiten zur Ver- und Entsorgung (Getränke/Essen und Toiletten) haben und
- über Sitz- bzw. Schlafmöglichkeiten verfügen.

Grundsätzlich sind oben genannte Voraussetzungen auch mit Zelten zu erreichen, ortsfeste Bauten sind aber vorzuziehen. Die Ressourcen, welche für den Aufbau und die Einrichtung von Zelten notwendig sind, lassen sich in einem solchen Einsatz sinnvoller verwenden. Eine Betreuungsstelle sollte nicht direkt am Ort des Schadenereignisses eingerichtet werden, um den zu Betreuenden die weiteren Eindrücke des Schadensortes zu ersparen. Geeignete Objekte sind, auch in Abhängigkeit von der Anzahl zu betreuender Personen Schulen, Sporthallen, Lagerhallen oder auch Feuerwachen/Feuerwehrhäuser. Notwendig ist immer die Verfügbarkeit von Sanitäreinrichtungen (mindestens Toiletten) und eine Möglichkeit zur Ausgabe von Speisen und Getränken. Wo vorhanden, bieten sich hierfür Gebäude an, die über eine Gemeinschaftsküche verfügen.

Bild 55: ***Betreuungsstelle in einer Schulaula***

Neben der Bereitstellung von »Betreuungshardware« kommt der eigentlichen (seelischen) Betreuung eine ganz zentrale Rolle zu. Da die wenigsten Mitarbeiter von Feuerwehr und Rettungsdienst ausreichend auf solche Situationen vorbereitet sind, empfiehlt es sich hier Experten auf diesem Gebiet hinzuzuziehen. Dies sind zum Beispiel Notfallseelsorger und Mitarbeiter von Kriseninterventionsteams (KIT). In wie weit die Betroffenen im Einzelnen auf das Angebot der seelischen Betreuung eingehen werden, kann man im Vorfeld nicht sagen, die Möglichkeit dazu sollte ihnen aber gegeben werden. Wichtig ist hier, dass die Struktur der psychosozialen Notfallversorgung (PSNV) auch führungstechnisch in den Einsatz eingebunden ist. Es empfiehlt sich daher, ggf. einen Unterabschnitt »PSNV« einzurichten und durch eine Führungskraft mit taktischer Ausbildung zu besetzen.

6.2.4 Patiententransfer

Ist ein Behandlungsplatz errichtet worden, so kann die Unterstützung der Feuerwehr erforderlich sein, um Patienten dort hin zu transportieren. Nicht immer ist der Transport aus einer Verletztenablage zum Behandlungsplatz mit Fahrzeugen möglich bzw. sinnvoll. Da ein händischer Transport personalintensiv ist, kann der Rettungsdienst hier durch Feuerwehrkräfte verstärkt werden. Die Transportreihenfolge zum Behandlungsplatz ist durch das ärztliche Personal der Patientenablage zu bestimmen. Kritische Patienten müssen durch Rettungsdienstpersonal begleitet werden. Es ist darauf zu achten, dass alle

Bild 56: ***Verbringen eines Patienten durch Feuerwehrkräfte zum Behandlungsplatz***

Patienten, welche die Patientenablage verlassen, bereits eine Patientenanhängekarte erhalten haben.

Das Verbringen von Betroffenen zur Betreuungsstelle ist dann durchzuführen, wenn diese aufnahmebereit ist und Transportkapazität zur Verfügung steht. Da ein Transport nicht unbedingt durch den Rettungsdienst erfolgen muss, kann hier auch auf Feuerwehrfahrzeuge zurückgegriffen werden. Eine weitere Option könnte die Nutzung eines Fahrzeuges von einem ortsansässigen Busunternehmen sein. In wie weit dies in einer angemessenen Zeit möglich und in der entsprechenden Lage sinnvoll ist, muss vor Ort entschieden werden.

Bild 57: ***Transport von Betroffenen durch einen Bus im Rahmen einer vorbereiteten Kampfmittelbeseitigung***

6.3 Presse-, Medien- und Öffentlichkeitsarbeit

Insbesondere durch Onlinemedien und Social Media ist bereits bei kleinen MANV-Einsätzen eine große Öffentlichkeitswirksamkeit gegeben. Dieser Drang, möglichst schnell zu berichten, erfordert es, zeitnah eine gezielte Information und Betreuung der Medien(-vertreter) sicherzustellen. Da wie bereits erwähnt verschiedenste Organisationen zusammen einen Einsatz bewältigen, muss auch die Presse- und Medienarbeit abgestimmt erfolgen. Hilfreich ist es auch hier, wenn sich die handelnden Personen bereits kennen. Durch den Einsatzleiter ist festzulegen, wer die Pressebetreuung in welchem Rahmen übernimmt. Neben der herkömmlichen Pressebetreu-

Bild 58: ***Pressesprecher gibt einen O-Ton ab.***

ung vor Ort durch O-Töne und die Herausgabe von schriftlichen Pressemitteilungen, genießen Social Media-Anwendungen einen zunehmenden Stellenwert. Einerseits transportieren diese Medienkanäle schnell Informationen von offiziellen Stellen an eine große Nutzerzahl. Andererseits können sich auf diesem Wege auch ungesicherte Informationen und Falschmeldungen verbreiten. Das Monitoring von Social Media-Kanälen bindet Personal, ist aber geeignet, um bei einer Fehlentwicklung gezielt mit sachlich richtigen Informationen gegenzusteuern. Bereits im Zuge der Einsatzvorbereitung sollte ein System der Presse- und Medienarbeit etabliert werden, auf welches auch im MANV-Einsatz zurückgegriffen werden kann.

Bild 59: ***Pressesprecher koordiniert die Anfragen an den Einsatzleiter.***

Es wird sich nicht verhindern lassen, dass Bilder der Einsatzstelle, die nicht von Pressevertretern gemacht wurden, in den Umlauf gelangen. Im Zeitalter des Smartphones, mobilen Internets und der Messenger darf es jedoch nicht dazu kommen, dass nicht autorisierte Einsatzkräfte Bildmaterial veröffentlichen. Insbesondere gilt es hier die Persönlichkeitsrechte von Betroffenen zu wahren und gegenüber der Bevölkerung mit gutem Beispiel voranzugehen.

6.4 Nach dem Einsatz

»Nach dem Spiel ist vor dem Spiel«, diese Erkenntnis aus der Fußballwelt ist durchaus auf die Feuerwehr übertragbar. Nach einem Einsatz wird wie selbstverständlich die technische Einsatzbereitschaft wiederhergestellt. Ist es aber damit getan? Gerade nach außergewöhnlichen Ereignissen sind weitere Maßnahmen erforderlich, insbesondere ist hier die Nachsorge für die Helfer und die sachliche Aufarbeitung des Einsatzgeschehens in Einsatznachbesprechungen zu nennen.

6.4.1 Nachsorge

Das Angebot einer Nachsorge für die Helfenden ist nach belastenden Einsätzen selbstverständlich. Denn bekanntermaßen können unverarbeitete Ereignisse mit zu einer schlimmstenfalls dauerhaften Erkrankung führen. Möglichkeiten zur Nachsorge sind: offene Gespräche im Kreis der Kameraden/Kollegen, das Hinzuziehen von geschultem Personal (KIT/

OPEN-Team/SbE/Psychotherapeuten) oder auch die Inanspruchnahme von Notfallseelsorgern oder des Seelsorgers des Vertrauens.

6.4.2 Einsatznachbesprechungen

Kein Einsatz ist frei von Fehlern. Nach einem Einsatz, wenn der Faktor Zeit keine Rolle mehr spielt, fallen ggf. andere und vielleicht auch bessere Möglichkeiten ein, wie man den zurückliegenden Einsatz hätte abarbeiten können. Im Nachhinein kann man daran nichts mehr ändern, aber man kann Rückschlüsse ziehen und für kommende Aufgaben lernen. Einsatznachbesprechungen sind hierfür ein gutes Instrument. Eine Besprechung direkt im Anschluss an den Einsatz ist nur bedingt sinnvoll. In dieser Phase stehen alle Beteiligten noch zu sehr unter den Eindrücken des Geschehens, um eine objektive Einschätzung tätigen zu können. Im Rahmen der Nachsorge für die Helfer können solche Gespräche aber nützlich sein.

Der zeitliche Abstand bis zur eigentlichen Nachbesprechung darf auch nicht zu groß sein, da sonst die gewonnenen Eindrücke verloren gehen. Zunächst gilt es den Einsatz innerhalb der eigenen Einheit aufzuarbeiten. Da bei einem MANV-Einsatz verschiedene Organisationen zusammen agieren müssen, ist es auch notwendig, die gemachten Erfahrungen und Probleme untereinander auszutauschen. Eine vom Einsatzleiter anzusetzende Nachbesprechung für die Führungskräfte aller beteiligten Organisationen bietet die Möglichkeit, Schnittstellenproblematiken zu beheben. Egal ob innerhalb der eigenen

Bild 60: ***Kurze Nachbesprechung vor Ort***

Einheit oder in einer Gesamtnachbesprechung, einige Regeln sind zu beachten:

- schriftliches Protokoll anfertigen, um die Ergebnisse auch nach einiger Zeit noch verfügbar zu haben,
- keine reine »Selbstbeweihräucherung«, dies bringt keinen positiven Effekt für zukünftige Einsätze,
- konstruktives Vorgehen:
  - positive Ergebnisse zuerst präsentieren,
  - negative Ergebnisse möglichst mit Lösungsansatz vorstellen.

Fehler können und dürfen im Einsatz auftreten, kein Mensch ist fehlerfrei. Es sollte aber strikt vermieden werden, ein und denselben Fehler mehrfach zu begehen. Hierbei können vernünftig gestaltete Einsatznachbesprechungen und eine gesunde Fehlerkultur eine wertvolle Hilfe sein.

7 Schnellübersicht der Einsatzmaßnahmen

Die grundlegenden Begriffe und Maßnahmen zum MANV-Einsatz wurden in den vorangegangenen Kapiteln bereits beschrieben. Um eine bessere Reproduzierbarkeit im Einsatz zu erlangen, soll der Einsatzablauf noch mal schlagwortartig abgehandelt werden.

Ausrücken

- Einsatzmittelübersicht anfordern
- Vorhandene Objektpläne nutzen

Ankunft

- Lage auf Sicht
- Anfahrtsweg und primäre Bereitstellung für nachfolgende Kräfte festlegen

Erste Lageerkundung

Alle aus dem Feuerwehralltag bekannten Kriterien behalten ihre Gültigkeit, zusätzlich für den MANV:

- **Allgemeine Lage**: Witterung wirkt direkt auf Verletzte/Betroffene
- **Schadenlage**: VOR-Sichtung und Dokumentation, um Anzahl Verletzter/Betroffener zu ermitteln
- **Eigene Lage**: Wann trifft welche rettungsdienstliche Verstärkung ein?
- **Rückmeldung und Nachforderung**

Erste Maßnahmen

- Lage sichern, soll Menschenrettung ermöglichen
- Menschenrettung:
  - Rettung aus dem Gefahrenbereich
  - Erstversorgung in Verletztenablage(n)/Rettungsmitteln
  - Erstbetreuung Betroffener
- FOLGE-Sichtung durch einen Arzt
- Soforttransport von kritischen Patienten

Einsatzstellenorganisation

- Konsequentes Ordnen des Raumes (Ladezone(n) beachten)
- Abschnittsbildung (nach Notwendigkeit)
  - Sichtung/Erstversorgung
  - Patientenablage
  - Transportmanagement inkl. Ladezone(n)
  - (Behandlungsplatz)
- Kommunikationsplanung
  - Kanaltrennung

Weiteres Vorgehen

- Bettennachweis anfordern und auswerten
- Einsatztaktische Grundvariante festlegen
- Erforderliche Versorgungseinrichtungen einrichten (Erweiterte Verletztenablage(n), Behandlungsplatz)
- Transportmanagement (Bereitstellungsraum, Ladezone, Patienten- und Transportzielzuweisung)
- Betreuungsstelle einrichten

- Presse-, Medien- und Öffentlichkeitsarbeit organisieren

Nachbereitung

- Einsatzbereitschaft wiederherstellen
- Nachsorge für die Helfer anbieten
- Einsatznachbesprechung mit der eigenen Einheit
- Ausführliche Einsatznachbesprechung mit allen involvierten Führungskräften/Organisationen

Fazit

Der Massenanfall von Verletzten stellt eine nicht alltägliche Einsatzlage dar, in der verschiedenste Organisationen zusammenarbeiten müssen. Umso mehr bedarf es einer geeigneten, möglichst gemeinsamen Einsatzvorbereitung. Das allgemeine feuerwehrtaktische Vorgehen ist ergänzt durch spezifische Maßnahmen geeignet, eine MANV-Einsatzstelle zu strukturieren und so den Einsatzerfolg sicherzustellen. Feuerwehrfremde Begriffe, Strukturen und Abläufe so wie handelnde Personen bereits im Vorfeld zu kennen, unterstützt einen reibungsarmen Einsatzverlauf.